山西省高水平专业群建设系列教材

植物识别与生长调控

崔爱萍　卢爱英　主编

中国林业出版社
China Forestry Publishing House

内容简介

本教材以粮食作物、花卉、林果、蔬菜、杂草等植物为代表，注重理论联系实际，适应当前高职教育和就业岗位要求。教材具体内容如下：识别植物细胞和组织、识别植物营养器官、识别植物生殖器官、认知植物分类与识别植物、测定植物代谢生理指标、认知及调控植物生长发育、测定植物逆境生理指标。每个学习任务主要按照任务目标、任务准备、基础知识、任务实施、任务考核、知识拓展、思考与练习的顺序编写，引导学生逐步掌握植物与植物生理相关的知识与技能。

本教材坚持以就业为导向，以够用、实用为基本目标，体现基础性、岗位实用性。使用对象为高等职业院校作物生产技术、园艺技术等相关专业的学生，也可作为农林行业广大科技人员、种植户的参考书。

图书在版编目(CIP)数据

植物识别与生长调控/崔爱萍，卢爱英主编.—北京：
中国林业出版社，2022.12
山西省高水平专业群建设系列教材
ISBN 978-7-5219-2117-5

Ⅰ.①植… Ⅱ.①崔…②卢… Ⅲ.①植物-识别-
高等职业教育-教材②植物生长-调控-高等职业教育-
教材 Ⅳ.①Q949②Q945.3

中国国家版本馆 CIP 数据核字(2023)第 004007 号

策划编辑：田 苗 曾琬淋
责任编辑：曾琬淋
责任校对：苏 梅
封面设计：睿思视界视觉设计

———————————————————

出版发行：中国林业出版社
　　　　　(100009，北京市西城区刘海胡同 7 号，电话 010-83143630)
电子邮箱：cfphzbs@163.com
网址：www.forestry.gov.cn/lycb.html
印刷：北京中科印刷有限公司
版次：2022 年 12 月第 1 版
印次：2022 年 12 月第 1 次
开本：787mm×1092mm　1/16
印张：11.25
字数：270 千字　　　数字资源：27 千字
定价：45.00 元

数字资源

《植物识别与生长调控》
编写人员

主　编

　　崔爱萍　卢爱英

副 主 编

　　安文杰　郭　艳

编　　者(以姓名拼音为序)

　　　　安文杰（山西林业职业技术学院）

　　　　崔爱萍（山西林业职业技术学院）

　　　　高　兵（山西林业职业技术学院）

　　　　郭　艳（山西林业职业技术学院）

　　　　侯艳霞（山西林业职业技术学院）

　　　　卢爱英（山西林业职业技术学院）

　　　　杨玉芳（山西林业职业技术学院）

前　言

党的二十大报告指出："必须牢固树立和践行绿水青山就是金山银山的理念，站在人与自然和谐共生的高度谋划发展。"习近平生态文明思想对人与自然、保护与发展、民生与环境的关系以及自然生态各要素的关系进行了深刻阐释，是生态文明建设过程中统筹推进社会经济发展与生态环境保护取得的重大理论成果。将生态文明思想融入教材，有助于丰富课程教学内容，增强学生热爱自然、与自然和谐相处的意识，培养学生的责任感和使命感，牢固树立社会主义生态文明观。

植物识别与生长调控是高等职业院校作物生产技术、园艺技术等相关专业的一门必修课，教材编写组遵循职业教育国家规划教材的编写要求，通过职业岗位群所需知识与能力及相关课程间的分析，注重理论知识和实践操作的有机融合，并有机融入生态文明思想和素质培养，形成了涵盖专业能力培养所需知识和技能的结构体系，编写了本教材。

本教材遵循学生的认知规律，首先识别植物细胞和组织、植物的营养器官和生殖器官，在此基础上进行植物的分类及识别、植物代谢生理及指标测定、植物生长发育认知及调控和植物逆境生理指标测定，由浅入深、循序渐进。教材编写前，编者广泛听取专业教师、种植类相关岗位资深专家、生产一线科技人员、实践经验丰富种植户的意见和建议，使教材更贴合生产实际。

本教材由崔爱萍、卢爱英担任主编，安文杰、郭艳担任副主编。编写分工如下：项目1由高兵编写，项目2由安文杰编写，项目3由安文杰和崔爱萍编写，项目4由崔爱萍编写，项目5由郭艳编写，项目6由侯艳霞和杨玉芳编写，项目7由卢爱英编写。

教材编写过程中，参阅和借鉴了有关专家和学者的文献资料，在此表示衷心感谢！

由于编者水平有限，教材中难免有不妥之处，敬请批评指正。

编者

2022 年 6 月

目 录

项目 1 识别植物细胞和组织

无论是高大的乔木、低矮的草本植物，还是微小的苔藓植物，都是由细胞组成的。细胞是构成植物体形态结构和生命活动的基本单位，植物的生长、发育和繁殖都是细胞不断进行生命活动的结果；在植物体的不同部位，细胞由于所担负的功能不同而呈现各异的形态。

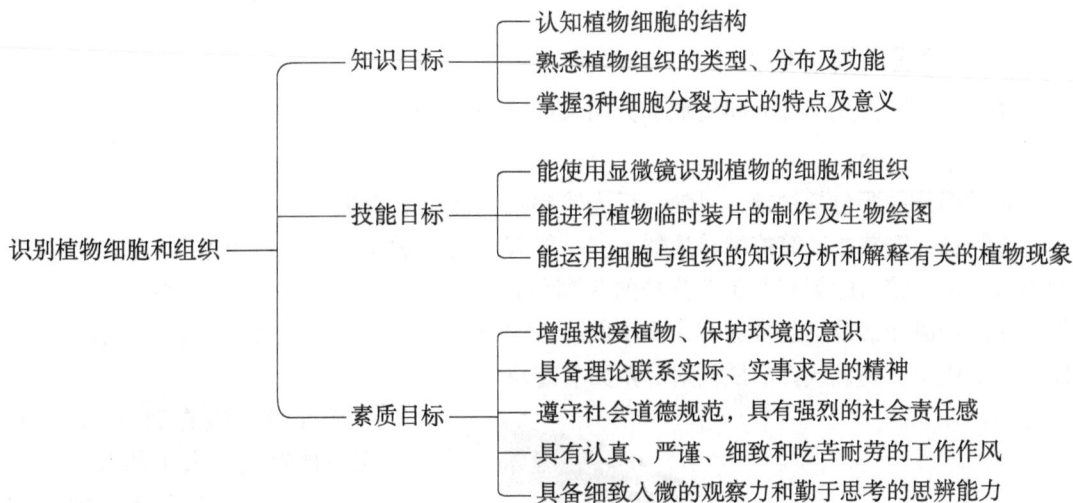

识别植物细胞和组织
- 知识目标
  - 认知植物细胞的结构
  - 熟悉植物组织的类型、分布及功能
  - 掌握3种细胞分裂方式的特点及意义
- 技能目标
  - 能使用显微镜识别植物的细胞和组织
  - 能进行植物临时装片的制作及生物绘图
  - 能运用细胞与组织的知识分析和解释有关的植物现象
- 素质目标
  - 增强热爱植物、保护环境的意识
  - 具备理论联系实际、实事求是的精神
  - 遵守社会道德规范，具有强烈的社会责任感
  - 具有认真、严谨、细致和吃苦耐劳的工作作风
  - 具备细致入微的观察力和勤于思考的思辨能力

任务 1-1　使用显微镜和制作临时装片

🌲 任务目标

了解光学显微镜的构造及简要的工作原理，熟练掌握光学显微镜的使用方法，并依据不同观察目的进行各种材料的观察，为了解植物的微观结构奠定基础。学会绘制植物细胞图的基本方法，能绘出植物细胞图，并注明各部分名称。

↖ 任务准备

学生每两人一组，每组准备以下材料和用具：显微镜、擦镜纸；植物材料切片；绘图铅笔两支(一支 HB，另一支 2H 或 3H)、实验报告纸、橡皮等。

👆 基础知识

1. 光学显微镜的结构

光学显微镜由光学部分和机械部分两大部分构成(图 1-1)。

(1)光学部分

光学部分主要包括物镜、目镜、反光镜和聚光器 4 个部件。

①物镜　安装在镜筒前端转换器上，一般有 3~4 个物镜，其中最短的刻有"10×"符号的为低倍镜，较长的刻有"40×"符号的为高倍镜，最长的刻有"100×"符号的为油镜。此外，在高倍镜和油镜上还常加有一圈不同颜色的线，以示区别。物镜利用光线使被检测物体第一次成像，物镜成像的质量对分辨力有着决定性的影响。

②目镜　装在镜筒的上端，作用是把物镜放大了的实像再放大一次，并把物像映入观察者的眼中。通常备有 2~3 个目镜，上面刻有"5×""10×"或"15×"符号以表示其放大倍数，一般装的是"10×"的目镜。

显微镜的放大倍数是物镜的放大倍数与目镜的放大倍数的乘积，如物镜为"10×"，目镜为"10×"，其放大倍数就为 10×10＝100。

显微镜目镜长度与放大倍数呈负相关，物镜长度与放大倍数

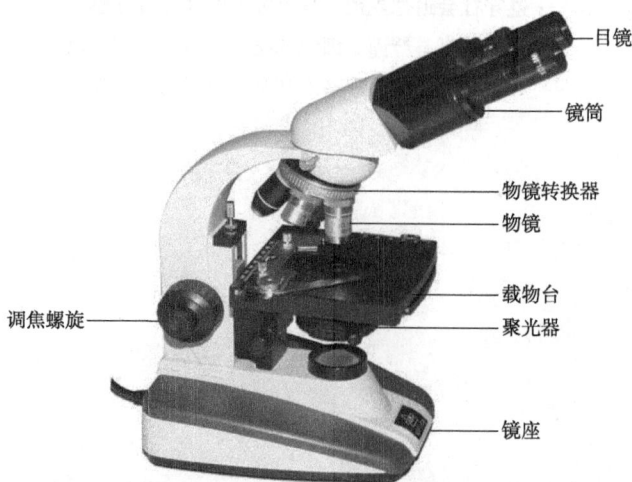

图 1-1　XSP 型显微镜的构造(杨福林和张爽，2018)

呈正相关。即目镜长度越长，放大倍数越小；物镜长度越长，放大倍数越大。

③反光镜 较早的普通光学显微镜是用自然光检视物体，在镜座上装有反光镜。反光镜可向任意方向转动，由一面是平面、另一面是凹面的镜子组成，能将投射在其上的光线反射到聚光器透镜的中央，照明标本。凹面镜聚光作用强，适于光线较弱的时候使用；平面镜聚光作用弱，适于光线较强时使用。近年来生产的较高档次的光学显微镜镜座上装有光源，可调节光照强度。

④聚光器 在载物台下面，它是由聚光透镜、虹彩光圈和升降螺旋组成的。其作用是将经过反射的光线聚焦于样品上，以得到最强的照明，使物像获得明亮清晰的效果。聚光器的高低可以调节，使焦点落在被检物体上，以得到最大亮度。虹彩光圈是由十几张金属薄片组成，其外侧伸出一柄，推动它可调节光圈开孔的大小，以调节光量。

（2）机械部分

机械部分主要有镜座、镜筒、物镜转换器、载物台、粗调焦螺旋和细调焦螺旋等。

①镜座 是显微镜的基本支架，由底座和镜臂两个部分组成。在它上面连有载物台和镜筒，是用来安装光学放大系统部件的基础。

②镜筒 上接目镜，下接转换器，形成目镜与物镜间的暗室。

③物镜转换器 其上可安装 3~4 个物镜，转动转换器，可以按需要将其中的任何一个物镜和镜筒接通，与镜筒上面的目镜构成一个放大系统。

④载物台 在镜筒下方，用以放置玻片标本。形状有方、圆两种，中央有一孔，为光线通路。在台上装有弹簧标本夹和推动器，其作用为固定或移动标本的位置，使得镜检对象恰好位于视野中心。

⑤粗调焦螺旋 是移动镜筒调节物镜和标本间距离的机件。老式光学显微镜粗调焦螺旋向前扭时，镜头下降接近标本。近年来生产的光学显微镜，粗调焦螺旋向前扭时载物台上升，让标本接近物镜；反之则下降，标本远离物镜。

⑥细调焦螺旋 用粗调焦螺旋只能粗略地调节焦距，要得到清晰的物像，并借以观察标本的不同层次和不同深度的结构，需要用细调焦螺旋做进一步调节。

2. 临时装片的制作

（1）简易装片法

①擦拭玻片 载玻片和盖玻片用前均要擦拭干净。正确方法是用左手拇指和食指夹住玻片的两边，右手拇指和食指衬两层纱布夹住玻片的一半，进行擦拭，然后擦拭另一半，使整个玻片干净为止。如果玻片太脏，可用纱布蘸些水或乙醇擦拭，再用干纱布擦干。

②取材 用镊子撕下洋葱鳞片的内表皮，剪成长约 5mm、宽约 3mm 的小片。

③装片 在载玻片上滴一滴水，将剪好的洋葱鳞片表皮浸入水滴，并用解剖针挑平，再加盖玻片。加盖玻片时先使一边接触水滴，另一边用针托住慢慢放下，以免产生气泡。如果盖玻片内的水未充满，可用滴管从盖玻片的一侧滴入水滴；如果水太多溢出盖玻片，可用吸水纸将多余的水吸去。

（2）徒手切片法

徒手切片法是制作切片的一种简单的方法。制作时只需要一个刀片和一个培养皿即可开展工作。对草本植物器官的观察一般都可以用徒手切片法制作临时装片，木本植物较细的嫩枝也可用此法。

用植物茎(或其他器官)做徒手切片　切取一段长约 2cm 的玉米或蚕豆幼茎，用左手的拇指、食指和中指夹住材料，材料要高于拇指 0.5~1mm，右手执刀片(刀片要锋利)，刀口向内，自左前向右后水平拉切。刀片与材料垂直切时最好用臂力而不用腕力，用力要均匀，切片时只动右手，左手不动，更不要来回拉切。

用植物叶做徒手切片　将萝卜(或胡萝卜、马铃薯等)切成 0.5cm×0.5cm×2cm 的长条，将小麦叶片(或其他叶片)夹在萝卜长方条的切口内，用上法做徒手切片。此外，也可将叶折叠或卷成数层后用手指夹持进行切片，或将叶片切成窄条放在载玻片上，重叠 3 片刀片，利用刀片间隙控制厚度切成薄的切片。

无论切什么材料，刀片及材料在切前都要蘸水。每切几片后，用毛笔蘸水将材料移到有水的培养皿中，然后选择最薄的切片进行染色装片。

将薄片放在载玻片上，滴一滴 1% 番红液或碘液、龙胆紫，约 1min，用吸水纸将染液吸去，然后滴 2 滴蒸馏水，稍微摇动，再用吸水纸吸去多余的水分，盖上盖玻片后，便可镜检。

3. 生物绘图法

生物绘图是学习本课程必须掌握的技能，也是从事植物形态解剖以及分类学研究必备的重要技能之一。通过绘图，有助于对植物结构及其特征的认识和理解。

(1) 植物绘图基本要求

① 科学性与准确性　生物绘图是一种科学记录，所以不能做艺术的渲染，应从科学的立场上选取正常、健康、有代表性的材料进行细致观察，并用专业术语正确描述观察到的内容。

② 点、线要清晰流畅　线条要一笔画出，粗细均匀，光滑清晰，接头处无分叉和重线条痕迹，切忌重复描绘。植物图一般用圆点衬阴，表示明暗和颜色的深浅，给予立体感。点要圆而整齐，大小均匀，根据需要灵活掌握疏密变化，不能用涂抹阴影的方法代替圆点。

③ 比例要正确　按植物各器官、组织以及细胞等各部构造的原有比例绘出。

④ 突出主要特征　重点描绘主要形态特征，其他部分可仅绘出轮廓，以表示其完整性。观察时要把混杂物、破损、重叠等现象区别清楚，不要把这些现象绘上。

⑤ 保持整洁　图纸及版面要保持整洁。

⑥ 准确标注　用水平直线在图的右侧引出标注，标注内容多时可用折线，必须整齐一致，切忌用弧线、箭头线、交叉线等做标注。图及图注一律用铅笔，通常用 HB 和 2H(或 3H)铅笔。在图的正下方注明图的名称。

(2) 绘图一般步骤

① 构图　根据内容要求设计好图形的整体布局。

② 先绘草图，再绘成图　先用尖的 HB 铅笔轻轻勾画出图形轮廓(即草图)，再用 2H 或 3H 铅笔描出与物体相吻合的线条。线条要均匀，最好一次成图，不绘重线。

③ 概绘全图，细绘局部　先绘全形图，后绘部分的解剖图。一边解剖观察，一边绘图，严格按一定次序进行解剖和绘图。

▪任务实施

1. 光学显微镜取镜和对光

（1）取镜

将显微镜小心地从镜箱中取出。拿取显微镜时，必须一手握紧镜臂，另一手平托镜座，使镜体保持直立。放置显微镜时要轻，避免震动，应放在身体的左前方，离桌子边6~7cm。检查显微镜的各个部件是否完整和正常，镜头只能用擦镜纸擦拭，不可用其他物品接触镜头。如果是镜筒直立式光学显微镜，可使镜筒倾斜一定角度（一般不应超过45°）以方便观察（观察临时装片时禁止倾斜镜臂）。

（2）对光

使用时，先将低倍物镜转到载物台中央，正对通光孔。用左眼接近目镜观察，同时用手调节反光镜和聚光器（若为自带电源，使用时打开电源，逐步调节调光旋钮），使镜内光亮适宜（镜内所看到的范围称为视野）。一般用低倍镜时，光线宜暗些；观察透明物体或未经染色的活体材料，光线也宜暗些。

2. 放切片和观察

（1）放切片

把做好的临时装片（或已有的切片）放在载物台上，使要观察的部位对准镜头，用压片夹或十字移动架固定切片。

（2）使用低倍物镜观察

转动粗调焦螺旋，并从侧面注目使镜筒缓慢下降，直至物镜接近切片为止。然后用双眼从镜内观察，并转动粗调焦螺旋使镜筒缓慢上升，直至看到物像为止（显微镜内的物像是倒像）。再转动细调焦螺旋，将物像调至最清晰。

（3）使用高倍物镜观察

在低倍物镜下观察后，如果需要进一步使用高倍物镜观察，则先将要放大的部位移到视野中央，然后把高倍镜转至载物台中央，对准通光孔，一般可粗略看到物像，再用细调焦螺旋调至物像最清晰。如果镜内亮度不够，应增加光照。如果看不到物像，可使镜头下降至几乎贴近切片，然后转动调焦旋钮，使镜头上升至看清物像为止。

3. 生物绘图

根据生物绘图法的基本要求，结合所观察的切片，绘制相关的解剖构造图。

4. 光学显微镜还原

使用完毕，应先将物镜移开，再取下切片。把显微镜擦拭干净，各部分恢复原位。使低倍物镜转至中央对准通光孔，下降镜筒，使物镜接近载物台。将反光镜转直，镜体盖以绸布，再套上棉布袋，放回箱内并锁上。

5. 光学显微镜保养

• 使用时必须按照严格的流程和说明书操作。

●取送显微镜时要轻拿轻放，一定要一手握住镜臂，另一手托住底座。显微镜不能倾斜，以免目镜从镜筒上端滑出。

●观察时，不能随便移动显微镜的位置。

●凡是显微镜的光学部分，只能用特殊的擦镜纸擦拭，不能乱用其他物品擦拭，更不能用手指触摸透镜，以免汗液沾污透镜。

●保持显微镜和室内的清洁、干燥。避免灰尘、水、化学试剂及其他物品沾污显微镜，特别是镜头部分。

●不得任意拆卸或调换显微镜的零部件。

●防止震动。在转动调焦旋钮时用力要轻，转动要慢，不可将镜筒升得过高，转不动时不可强行用力，以免磨损齿轮或导致镜筒自行下滑。

●使用高倍物镜时，勿用粗调焦螺旋调节焦距，以免移动距离过大，损伤物镜和玻片。

●用毕送还前，必须检查物镜镜头上是否沾有水或试剂，若有则要用擦镜纸擦拭干净，并且要把载物台擦拭干净，然后将显微镜放入镜箱内，并注意锁箱。

●显微镜应放在阴凉的地方。

任务考核

光学显微镜的使用考核参考标准

考核项目	考核内容	考核标准	考核方式	赋分(分)
基本素质	工作态度	态度认真，学习主动，全勤	单人考核	5
	团队协作	服从安排，与小组成员配合好	单人考核	5
任务实施	取放	拿取显微镜动作规范、熟练	单人考核	10
	观察材料（切片）	观察材料时先用低倍镜，再用高倍镜；调焦时从侧面看着镜头，转动调焦螺旋；从低倍镜转换到高倍镜时严格按照操作规程操作	单人考核	25
	生物绘图	认真观察待绘图的材料，掌握各部分特征；画出结构中最本质和典型的部分，保证结构的准确性、科学性	单人考核	20
	还原	显微镜还原操作规范	单人考核	10
职业素质	方法能力	独立分析和解决问题的能力强	单人考核	5
	工作过程	操作规范、符合要求	单人考核	20
合　计				100

知识拓展

光学显微镜防尘和去污

光学部件的表面落下尘埃后极难清除，所以防止尘埃落入镜筒、物镜镜体内部和一切光路管道内部极为重要。为此，显微镜操作者必须养成一种习惯，随时随地注意防尘。一旦发现透镜、棱镜和反射镜等光学表面有尘埃，先用洗耳球反复吹拂，直至完全消除尘埃颗粒为止。有些尘粉颗粒仍不脱落时，可用干净、干燥、细软毛笔扫除。不能用手指或粗布硬性摩擦。

光学器具表面沾污油脂时，既要清洗油污，也要特别注意保护镜面的光学光洁度。经常要清洗的是油镜的前透镜。每次使用此类物镜完毕，都要轻拭干净，绝不能让浸油干涸在物镜上。为此，最常用的方法是在擦镜纸上滴一滴纯二甲苯，放在物镜前透镜上，轻轻地用手指压擦镜纸一次或几次。对物镜前透镜绝不能用粗布用力擦拭，更不能用手指尖摩擦。粗布纤维和手指角化表皮细胞对于光学表面的损伤是非常严重的，光学表面被摩擦出一条划痕就足以干扰成像光束的行程，影响观察效果。

思考与练习

1. 光学显微镜的结构分哪几部分？各部分有什么作用？
2. 说明使用光学显微镜的正确操作步骤。
3. 显微镜使用过程中应注意的事项有哪些？
4. 优秀的生物绘图应具备哪些条件？
5. 说明简易装片法制作临时装片的步骤。

任务 1-2　识别植物细胞

任务目标

认知细胞的大小和形态，理解细胞是植物结构和功能的基本单位。掌握制作植物临时装片的技术，认识植物细胞在光学显微镜下的基本结构特征，掌握细胞的形态结构与功能的关系。

任务准备

学生每两人一组，每组准备以下材料和用具：洋葱；显微镜、载玻片、盖玻片、镊子、滴管、培养皿、刀片、剪刀、解剖针、吸水纸；蒸馏水、I-KI 溶液等；绘图铅笔两支（一支 HB，另一支 2H 或 3H）、实验报告纸、橡皮。

基础知识

细胞是生物有机体结构和功能的基本单位，是生命活动的基本单位，也是生物个体发育和系统发育的基础。最简单的植物，其植物体仅由一个细胞组成，即单细胞植物，一个细胞代表一个个体，一切生命活动，包括新陈代谢、生长发育、繁殖，均由一个细胞完成。复杂的高等植物，一个个体由无数细胞组成，细胞之间有功能和形态的分工，它们相互依存、彼此协作，共同保证植物体的正常生命活动。细胞具有全能性。

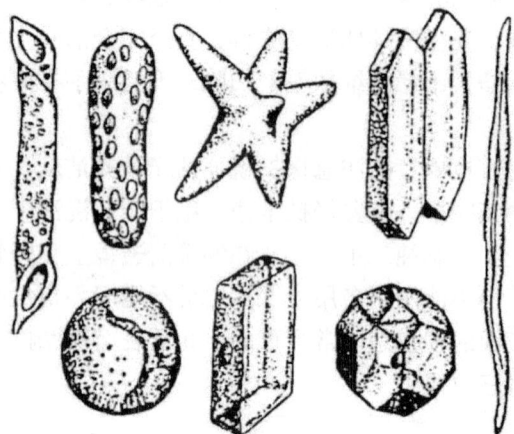

图1-2 植物细胞的形状（陈忠辉，2007）

1. 植物细胞的形状和大小

（1）植物细胞的形状

植物细胞的形状多种多样，有球形、多面体、纺锤形和星形等（图1-2）。单细胞植物体或离散的单个细胞，如小球藻、衣藻，因细胞处于游离状态，形状常近似球形。在多细胞植物体内，细胞紧密排列在一起，由于相互挤压，大部分细胞呈多面体。还有一些植物细胞具有精细的分工，其形状具多样性。例如，输送水分和养分的细胞（导管分子和筛管分子）呈长管状，并连接成相通的"管道"，以利于物质运输；起支持作用的细胞（纤维），一般呈长梭形，并聚集成束，起加强支持的作用；幼根表面吸收水分的细胞，常常向着土壤延伸出细管状突起（根毛），以扩大吸收表面积。这些细胞形状的多样性，除与功能及遗传有关外，外界条件的变化也会引起它们形状的改变。

（2）植物细胞的大小

植物细胞的大小差异很大，直径可以从数微米至数十微米。种子植物的分生组织细胞直径为 $5 \sim 25 \mu m$，而分化成长的细胞直径为 $15 \sim 65 \mu m$，必须用显微镜才能看到。也有少数大型的植物细胞肉眼可见，如西瓜瓤的细胞直径约 1mm，棉花种子的表皮毛细胞有的长达 75mm，苎麻茎的纤维细胞长达 550mm。

2. 植物细胞的结构

植物细胞虽然大小不一、形状多样，但其结构基本相同。生活的植物体细胞由原生质体和细胞壁两大部分组成，其中原生质体包括细胞膜、细胞质、细胞核和细胞器（内质网、线粒体、质体、核糖体、高尔基体、微管、微丝等各种不同的细微结构）。原生质体由原生质分化形成，原生质指细胞内有生命的物质，是具有一定黏度、半透明、不均一的亲水胶体，是细胞结构和生命活动的物质基础。随着细胞生长，原生质体内出现细胞内含物。

组成原生质的主要化学物质是水、无机盐、蛋白质、核酸、糖类、脂类等。水是原生质中极重要的组分，占细胞体积的 $80\% \sim 90\%$。一切生命活动的重要化学反应都必须在水溶液中进行，水是生化反应的介质。蛋白质占原生质体干重的 50% 以上，是重要的结构物质，此外，还以酶的形式起重要的生化作用。核酸是重要的遗传物质，其基本的结构单位是核苷酸。脂类包括油、脂肪和磷脂，是构成生物膜的主要成分。糖类分为结构性的糖类和贮藏性的糖类。结构性的单糖类主要是核糖和脱氧核糖，是构成核酸的重要成分。结构性的多糖类主要是纤维素、果胶质，是构成植物细胞壁的主要物质。贮藏性的糖类主要是蔗糖和麦芽糖（双糖）、淀粉（多糖）、葡萄糖（单糖）。此外，原生质中还有少量的无机盐类、维生素、植物激素等。

在光学显微镜下，可以观察到植物细胞的细胞壁、细胞质、细胞核、液泡等基本结构。此外，用特殊染色方法还能观察到高尔基体、线粒体等细胞器，这些可在光学显微镜下观察到的细胞结构称为显微结构；而在光学显微镜下观察不到、必须借助电子显微镜才能观察到的细胞内的微细结构，称为亚显微结构或超微结构（图1-3）。

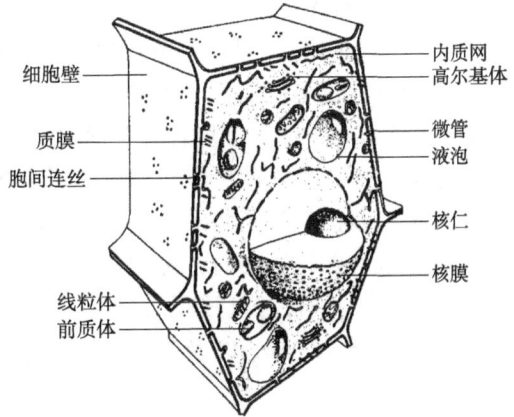

图1-3 植物细胞亚显微结构立体模式图
（陈忠辉，2007）

（1）细胞膜（质膜）

细胞质与细胞壁毗邻的一层薄膜称为细胞膜或质膜，基本成分为磷脂和蛋白质。在电子显微镜下看到的细胞膜呈暗-亮-暗3层，中间的亮层为磷脂双分子层的疏水尾部，两侧暗层为蛋白质分子层和磷脂双分子层的亲水头部。这样的一种膜结构称为单位膜。质膜具有重要的生理功能，能使细胞与外界环境隔离，保持一个相对独立的细胞环境；具有选择性吸收功能，能控制细胞内外的物质交换；质膜上有大量的酶，是进行生物化学反应的重要场所；还具有能量与信息的传递及细胞识别等功能。

（2）细胞质及其细胞器

①细胞质 是细胞膜以内、细胞核以外的原生质，主要是半透明无定型的胶体物质，里面包含着各种各样的细胞器。细胞质能为细胞器提供所需的离子环境，并进行某些生物化学反应。细胞质在细胞内经常流动，这种现象称为胞质运动，是细胞生命活动的表现。

②细胞器 是细胞内具有特定形态结构和功能的亚细胞结构。植物细胞内的主要细胞器有：可在光学显微镜下观察到的质体、线粒体、液泡和必须在电子显微镜下才能观察到的核糖体、内质网、高尔基体、溶酶体、圆球体、微体、微管和微丝等。在结构上，质体和线粒体具有双层膜结构，内质网、高尔基体、溶酶体、圆球体、微体、液泡具有单层膜结构，核糖体、微管和微丝为无膜结构，它们内部的超微结构各不相同。

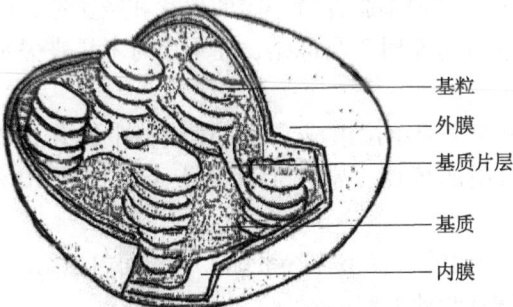

图1-4 叶绿体结构模式图（陈忠辉，2007）

A. 质体 绿色植物特有的细胞器。质体有双层膜结构，内部为片层系统和液态基质。它是进行光合作用合成和积累同化产物的细胞器。有3种类型：

叶绿体 具有复杂的超微结构（图1-4），外被双层膜，内部的液态基质中密布基粒。基粒由类囊体堆叠而成，并由基质片层连接成一个系统，类囊体膜上结合有叶绿素a、叶绿素b、叶黄素和胡萝卜素4种光合色素。叶绿体的功能是进行光合作用。

有色体(杂色体)　只含叶黄素和胡萝卜素，不能进行光合作用。有色体积累脂类和类胡萝卜素，呈红色至橙黄色。主要存在于花瓣、果实、落叶前的叶片、有色的根(如胡萝卜块根)等器官中，使其呈现各种鲜艳的颜色。

白色体　不含色素的质体。白色体积累淀粉、脂肪和蛋白质，存在于植物体各部分的贮藏细胞中，是淀粉和脂肪的合成和贮藏中心。当它合成和贮藏淀粉时(体积增大)，称为淀粉粒；合成和贮藏脂肪时，称为造油体。

B. 线粒体　进行有氧呼吸的场所。其超微结构外被双层膜，内膜内折形成嵴，嵴之间充满液态基质。内膜、嵴及基质中均含有与呼吸作用有关的酶类(图1-5)。

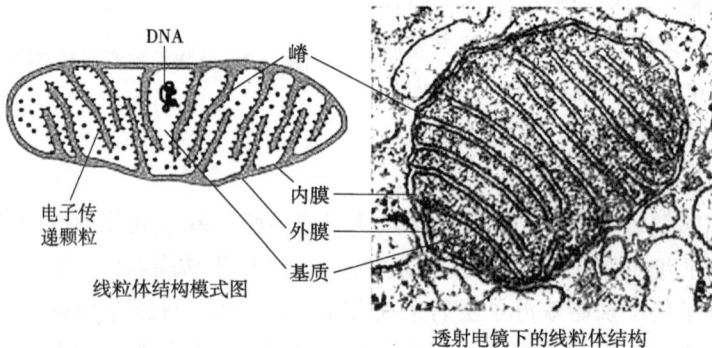

线粒体结构模式图

透射电镜下的线粒体结构

图1-5　线粒体的结构(崔爱萍等，2020)

C. 液泡　由单层膜围成、充满复杂水溶液的细胞器。液泡为植物细胞所特有，是植物细胞不同于动物细胞的显著特征之一。在幼嫩的植物细胞中，液泡数量多而体积小，成熟的植物活细胞通常只有一个很大的液泡，位于细胞的中央，称为中央大液泡，其体积可以达到细胞体积的90%以上。中央大液泡在细胞成熟过程中由许多小而分散的液泡逐渐长大、合并而成，它将细胞质挤压到外围紧贴细胞壁。液泡膜是具有选择透性的膜；内含的水溶液称为细胞液，除含大量的水外，尚有多种有机酸、生物碱、无机盐、花青素等物质。花青素可使花、果实等器官随细胞液的酸碱度不同而呈现不同的颜色，其中酸性时呈红色，碱性时呈蓝色，中性时呈紫色。

液泡具有贮藏和调节渗透压的作用：贮藏细胞的代谢产物(糖、有机酸、蛋白质、磷脂等)和排泄物(草酸钙、丹宁、花青素等)；由于贮藏多种物质，细胞液的浓度很大，维持了细胞的渗透压和膨压，能够调节水分的吸收，并使细胞保持一定的形状和坚实性，以便保持细胞正常的功能。高浓度的细胞液使细胞在低温时不易冻结，在干旱时不易丧失水分，提高了植物抗寒和抗旱的能力。

D. 核糖体　为外表无膜的微小细胞器，由两个亚单位组成，其化学成分中约有60%核糖核酸和40%蛋白质。核糖体是合成蛋白质的场所，常几个到几十个与信使RNA(mRNA)分子结合成多聚核糖体。

E. 内质网　是由生物膜构成的互相通连的片层隙状或小管状系统。有糙面内质网(表面附有核糖体)和滑面内质网(表面无核糖体附着)两种类型。

F. 高尔基体　由单层膜围成的扁平小囊堆叠形成的细胞器。高尔基体可合成纤维素、半纤维素等多糖类物质，参与细胞壁的形成，并具有分泌作用，可分泌黏液、树脂等（图1-6）。

G. 溶酶体　由单层膜围成的小泡状细胞器，含有多种水解酶，以酸性磷酸酶为特有酶。溶酶体具有消化作用，可分解生物大分子。

H. 圆球体　由单层膜围成的球状小体，内含脂肪酶，可积累脂肪（在一定条件下也可分解脂肪）。

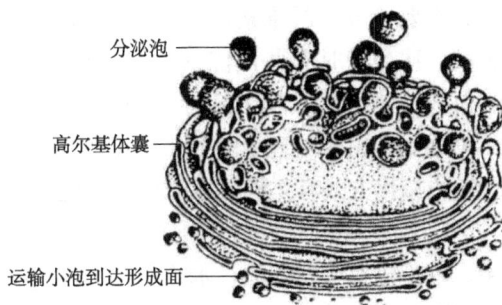

图1-6　高尔基体的立体模式图（杨福林，2017）

I. 微体　由单层膜围成的细胞器，其功能与其所含酶类有关：过氧化物酶体参与光呼吸；乙醛酸循环体能将脂肪转化成糖。

J. 微管和微丝　微管是由微管蛋白（α球状蛋白和β球状蛋白）组成的中空长管，外表无膜。细胞进行有丝分裂时，由微管构成纺锤丝；微管还影响细胞壁的生长和分化；微管与直径更小的微丝和中间纤维构成细胞骨架，起支持细胞的作用。微丝是比微管更细的纤维，由类似于肌动蛋白和肌球蛋白的蛋白质构成，有收缩功能，与细胞内物质运输和原生质流动有关。

（3）细胞核

细胞核是细胞中最显著的结构，常为圆球状。由核膜、核仁、核质3个部分组成（图1-7）。核膜为双层膜，两层膜在许多地方愈合形成核孔，是细胞核与细胞质之间进行物质交换的通道。核仁是细胞核内一个或几个折光更强的匀质小球体，外表无膜。核仁的主要功能是合成核糖体RNA（rRNA）。核质是核仁以外、核膜以内的原生质。核质可分为核液和染色质两部分。核液是细胞核内的基质，染色质和核仁悬浮其中。染色质是由DNA、组蛋白、非组蛋白和少量RNA组成的复合体，在细胞分裂间期时呈细丝状，前期时则螺旋化成为染色体。细胞核是遗传物质贮存和复制的主要场所，是细胞遗传和代谢的控制中心，其主要功能是进行遗传物质的复制，控制蛋白质的合成，控制细胞的生长、发育。

（4）细胞壁

细胞壁是原生质体外围一层有一定硬度和弹性的固体结构，起维持细胞形状、保护原生质体等作用，并能通过种种变化，使植物细胞能分别完成吸收、保护、支持、物质运输等功能。

细胞壁大体可分为胞间层、初生壁和次生壁3个层次。胞间层是细胞分裂产生新细胞时形成的，是相邻细胞共有的一层薄膜，其主要成分是果胶，其特性是柔软和胶黏，并有可塑性。初生壁是在细胞生长过程中形成的细胞壁

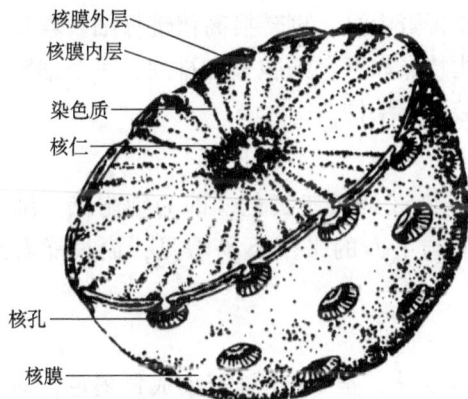

图1-7　细胞核超微结构模式图
（崔爱萍和邹秀华，2018）

层，其主要成分是纤维素、半纤维素和果胶质，通常较薄、柔软而有弹性，能随细胞生长而扩展。次生壁是有些部位细胞体积停止增大后加在初生壁内表面继续形成的细胞壁层，其主要成分为纤维素和半纤维素，并常有木质素、木栓质、角质和蜡质等物质填充其中。

植物细胞由于生理上的分工，细胞壁会发生性质的变化，使细胞能够完成一定的功能。次生壁的特化方式有 4 种。木质化：细胞壁渗入木质素，使细胞壁坚硬，起支持作用。角质化：细胞壁渗入角质(脂类物质)，并常在细胞壁外堆积形成角质层，可减弱蒸腾从而起保护作用。木栓化：细胞壁渗入木栓质(脂类物质)，使细胞壁不透水、不透气，起增强保护的作用。矿质化：细胞壁渗入二氧化硅等物质，使细胞壁坚硬粗糙，强化结构硬度，提高保护作用。

多细胞植物体的相邻细胞通过纹孔和胞间连丝紧密联系。在初生壁上有些较薄的凹洼区域称为初生纹孔场。在次生壁上不加厚的凹陷部分称为纹孔，纹孔腔呈圆筒状的称为单纹孔，纹孔腔呈圆锥状而边缘向细胞内隆起的称为具缘纹孔。相邻细胞的纹孔通常成对存在。胞间连丝是穿过胞间层和初生壁连接相邻细胞的原生质体的细胞质细丝，在细胞间起着物质运输、传递刺激及控制细胞分化的作用。

任务实施

1. 制作洋葱鳞片表皮细胞临时装片

剥除洋葱外部较老的鳞片，取中部鳞片的内表皮制作临时装片。制片时，用刀片在鳞片内表面划出一个 $3 \sim 5mm^2$ 的"井"字小格，用镊子撕取中间方形部分薄膜状的内表皮。在载玻片上滴一滴水，将取下的材料放到水滴中，用解剖针将材料展平。盖上盖玻片，用吸水纸吸去多余水分，注意不要产生气泡。如果有气泡，可用镊子轻压盖玻片赶出气泡。

2. 观察洋葱鳞片表皮细胞结构

将洋葱表皮临时装片置于光学显微镜下，先用低倍镜观察洋葱表皮细胞的形态和排列情况：细胞呈长方形，排列整齐，紧密。然后从盖玻片的一侧加上一滴 I-KI 染液，同时用吸水纸从盖玻片的另一侧将多余的染液吸除(另一种方法是把盖玻片取下，用吸水纸把材料周围的水分吸除，然后滴上一滴染液，经 $2 \sim 3min$，加上盖玻片即可)。细胞染色后，在低倍镜下，选择一个比较清楚的区域，把它移至视野中央，再转换高倍镜仔细观察每一个典型植物细胞的构造。高倍镜下表皮细胞的结构特点如下：细胞整齐排列，每个细胞近似长方体，有明显的细胞壁、细胞核、细胞质和液泡等结构。

（1）细胞壁

洋葱表皮每个细胞周围有明显界限，被 I-KI 染液染成淡黄色，即为细胞壁。细胞壁由于是无色透明的结构，所以观察时细胞上面与下面的平壁不易看见，而只能看到侧壁。

（2）细胞核

在细胞质中可看到，有一个圆形或椭圆形的球状体，被 I-KI 染液染成黄褐色，即为细胞核。细胞核内有时可见核仁。幼嫩植物细胞，细胞核居中央；成熟植物细胞，细胞核偏于细胞的侧壁。

（3）细胞质

细胞核以外，紧贴细胞壁内侧的无色透明胶状物即为细胞质，经 I-KI 染色呈淡黄色，但比细胞壁的颜色浅一些。在较老的细胞中，细胞质是紧贴细胞壁的一薄层。

（4）液泡

在成熟细胞里，可见 1 个或几个透明的大液泡，位于细胞中央。注意观察细胞角隅处，把光线适当调暗，反复旋转细调焦螺旋，能区分出细胞质与液泡间的界面。

3. 生物绘图

对标本进行镜检时，需要绘图记录观察结果。生物绘图不同于一般的美术绘图，要求将所观察标本的外形和内部结构准确地描绘，然后对各部分分别加以注字说明，具体要求如下：

• 图形具有高度的科学性，不得有科学性错误。形态结构要准确，比例要正确，要有真实感、立体感，精确而美观。

• 图面要力求整洁，铅笔要保持尖锐，尽量少用橡皮。

• 图形大小要适宜，位置略偏左。

• 线条要光滑、匀称，点要大小一致。

• 字体用正楷，大小要均匀，不能潦草。注图线用直尺画出，间隔要均匀，且一般向右边引出，图注部分接近时可用折线，但注图线之间不能交叉，图注要尽量排列整齐。

• 绘图完成后在绘图纸上方写明班级、姓名、实验名称、时间，在图的下方注明图名及放大倍数。

任务考核

植物细胞结构观察考核参考标准

考核项目	考核内容	考核标准	考核方式	赋分（分）
基本素质	学习态度	态度认真，学习主动，全勤	单人考核	5
	团队协作	服从安排，与小组成员配合好	单人考核	5
任务实施	制作洋葱鳞片表皮细胞临时装片	载玻片和盖玻片擦拭干净，水滴在载玻片的中央，材料大小适当，防止出现气泡，染色时将装片从载物台上取下进行	单人考核	25
	观察洋葱鳞片表皮细胞结构	显微镜操作规范，洋葱鳞片表皮细胞结构主要部分的判别准确，各部分特点的描述正确	单人考核	20
	绘图	绘出洋葱鳞片表皮细胞结构图，并注明各部分，图示准确、完整	单人考核	20
职业素质	方法能力	独立分析和解决问题的能力强	单人考核	5
	工作过程	工作过程规范，符合要求	单人考核	20
合　计				100

知识拓展

1. 细胞学说的建立及意义

1665 年，英国博物学家罗伯特·胡克（Robert Hooke）发现了细胞。1838—1839 年德国植物学家施莱登（M. Schleiden）和动物学家施旺（T. Schwann）几乎同时提出了细胞学说（Cell Theory）：一切动植物有机体都是由细胞构成；在有机体中，每个细胞是相对独立的单位，但也是相互联系的；新细胞来源于老细胞的分裂。

细胞学说从理论上确立了细胞在整个生物界的作用，把自然界中形形色色的有机体统一起来（统一于细胞），揭示了生物构造的基本规律（由结构极为一致的细胞构成，同一性）和生物发生、起源的同源性，以及生物进化的内在根源（细胞内遗传物质的改变）。恩格斯高度评价了细胞学说，把它与能量守恒定律、生物进化论并列为 19 世纪自然科学的三大发现。

2. 细胞的生长和分化

细胞生长是指细胞体积和质量增加的过程，其表现形式为细胞质量增加的同时，细胞体积亦增大。细胞生长是植物个体生长发育的基础，对单细胞植物而言，细胞生长就是个体生长，而多细胞植物的生长是细胞生长和细胞数量增加的结果。

植物细胞的生长包括原生质生长和细胞壁生长两个方面。原生质生长过程中最为显著的变化是液泡化程度增加，最后形成中央大液泡，细胞质其余部分则变成一薄层紧贴于细胞壁，细胞核则移至侧面。细胞壁生长包括表面积增加和厚度增加。原生质体在细胞生长过程中不断分泌成壁物质，使细胞壁随原生质体的长大而伸长，同时细胞壁的化学成分和厚度也发生了相应的变化。

细胞的生长有一定限度，当体积达到一定大小后，生长便会停止。细胞最后的大小随植物细胞种类而异，也受环境条件的影响。

多细胞植物体上不同的细胞执行着不同的功能，细胞在形态或结构上也表现出各种变化与之相适应。这种在个体发育过程中，细胞在形态、结构和功能上的特化过程称为细胞分化。植物的进化程度越高，植物体结构越复杂，细胞分工越细，细胞分化程度越高。细胞分化使多细胞植物体中的细胞功能趋于专门化，这样有利于提高各种生理功能的效率。

思考与练习

1. 植物细胞的结构包括哪些部分？
2. 植物体中每个细胞所含的细胞器类型是否相同？试举例说明。
3. 质体有哪些类型？分别存在于植物体的哪些部位？各自的作用是什么？
4. 液泡有什么功能？主要含有哪些物质？
5. 细胞内含物主要包括哪几种？各有何意义和利用价值？
6. 植物细胞的初生壁和次生壁有什么区别？在各种细胞中是否都存在？
7. 说明细胞壁主要的次生变化及相应功能。

任务 1-3　识别植物细胞分裂与细胞周期

任务目标

认知细胞周期的概念，熟悉植物细胞的无丝分裂、有丝分裂和减数分裂，掌握有丝分裂各时期的主要特点。能熟练并准确地观察植物的有丝分裂和减数分裂。

任务准备

学生每 4~6 人一组，每组准备以下材料和用具：洋葱（或蒜、葱）的根尖；0.01g/mL 龙胆紫溶液、质量分数 15% 的盐酸、体积分数 95% 的乙醇、蒸馏水；显微镜、载玻片、盖玻片、玻璃皿、剪刀、镊子、滴管等。

基础知识

1. 细胞周期

细胞增殖是生命的主要特征，对于单细胞植物而言，通过细胞分裂可以增加个体的数量，繁衍后代；对于多细胞植物来说，细胞分裂与细胞扩大构成了植物生长的主要方式。

细胞分裂并不是连续不断地进行的，两次连续分裂之间通常有一个间隔时期。细胞由一次分裂完成开始到下一次分裂结束的全部历程称为细胞周期。一个完整的细胞周期包括分裂间期和分裂期两个阶段。

（1）分裂间期

分裂间期是从上一次分裂结束到下一次分裂开始的一段时间，间期细胞进行着一系列复杂的细胞活动，为细胞分裂做准备。根据在不同时期合成的物质不同，可以把分裂间期进一步分成复制前期（G_1）、复制期（S）和复制后期（G_2）3 个时期。G_1 期又称 DNA 合成前期，G_1 期细胞生理活动的主要特征是细胞体积增大，各种细胞器、内膜结构和其他细胞成分的数量迅速增加；S 期即细胞核 DNA 的复制期，是细胞增殖的关键时期，主要合成 DNA、各种组蛋白和其他与 DNA 有关的蛋白质；G_2 期又称为 DNA 合成后期，时间相对较短，此期主要为分裂期做准备。这一期 DNA 合成终止，但合成少量 RNA 和蛋白质（可能与构成纺锤体的微管蛋白有关）。

（2）分裂期（M 期）

分裂期所进行的分裂方式在种子植物可以是有丝分裂、无丝分裂或是减数分裂，因发生的部位与发育时期而异。分裂期由核分裂和胞质分裂两个阶段构成，核分裂和胞质分裂依赖于细胞周期中许多互相关联的事件和过程。

细胞周期沿着 $G_1 \to S \to G_2 \to M$ 的顺序进行。植物细胞周期的持续时间一般在十几个小时到几十个小时，时间长短与植物的生活条件尤其与温度关系密切，在一定范围内，温度高时细胞周期时间短，温度低则细胞周期时间延长。在整个细胞周期中，一般 S 期持续时间最长，M 期最短，而 G_2 期和 G_1 期变动较大。

2. 染色质与染色体

染色质是指间期细胞核内由大量的 DNA 和组蛋白、较少量的 RNA 和非组蛋白等物质所组成的细丝状结构。染色体是指有丝分裂和减数分裂过程中染色质丝高度螺旋化，折叠缩短变粗的结构。间期的染色质与分裂中期的染色体是同一遗传物质在不同时期的存在形式。

染色体因极易被碱性染料染色而得名，它的形状、大小随植物种类、所处细胞分裂时期不同而异。每条染色体上有相对不着色而直径较小的主缢痕区域，称为着丝点。着丝点在染色体上的位置不同，使染色体出现不同的形状。着丝点位于染色体一端，染色体呈杆状；位于中部，呈"V"形；位于近中部时，呈"L"形。

染色体的数目因物种不同而异，但在同一种生物中，每个细胞里的染色体数目一般总是恒定的。如桃、李为 16，刺槐、朴树为 20，扁柏、圆柏、杉木、油桐、桉树为 22，银杏、松树、樟、栎为 24，核桃、枫杨为 32，梨、苹果、杜仲为 34，杨、柳、鹅掌楸为 38，油橄榄、女贞为 46。一种生物的体细胞具一定数目、大小和形状的染色体，这些特征的总和称为染色体组型。染色体组型代表了一个个体、一个物种甚至一个属或更大类群的特征。要观察植物种的染色体，就必须注意它们的染色体组型。生殖细胞所含染色体数目只有体细胞的 1/2，即生殖细胞只含有一个染色体组，为单倍体，用 n 表示；而体细胞含有两个染色体组，为二倍体，用 $2n$ 表示。例如，松树生殖细胞(精子或卵细胞)染色体为 12 条，故 $n=12$，体细胞为 24 条，则 $2n=24$。再如，杉木 $n=11$，$2n=22$；杨树 $n=19$，$2n=38$；板栗 $n=12$，$2n=24$。

3. 细胞分裂

细胞分裂是个体生长和生命延续的基本特征。在植物中主要存在 3 种不同的细胞分裂方式，即无丝分裂、有丝分裂和减数分裂。

(1) 无丝分裂

无丝分裂是最早发现的一种细胞分裂方式，因其分裂过程没有纺锤丝与染色体的变化而得名。又因为这种分裂方式是细胞核和细胞质的直接分裂，所以又称为直接分裂。

无丝分裂的早期，球形的细胞核和核仁都伸长。然后细胞核进一步伸长呈哑铃形，中央部分狭细(图 1-8)。最后，细胞核分裂，这时细胞质也随着分裂，并且在滑面型内质网的参与下形成细胞膜。在无丝分裂中，核膜和核仁都不消失，没有染色体和纺锤丝的出现，也就看不到染色体复制的规律性变化。但是，这并不说明染色质没有发生变化，实际上染色质也要进行复制，并且细胞也会增大。当细胞核体积增大 1 倍时，细胞核就发生分裂，细胞核中的遗传

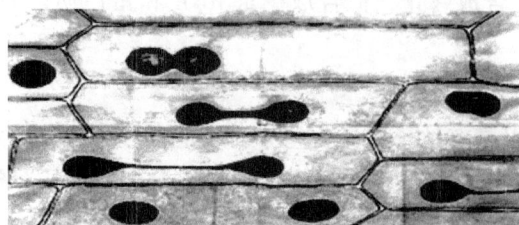

图 1-8　无丝分裂图解(崔爱萍等，2020)

物质随之分配到子细胞中去。

过去认为无丝分裂在低等植物中比较常见，在高等植物中仅见于衰老和病态的细胞。近代许多研究证明，无丝分裂在高等植物中也比较普遍，如在胚乳发育过程中和愈伤组织形成时均有无丝分裂的发生。

无丝分裂具有独特的优越性：消耗能量少；分裂迅速并可能同时形成多个细胞核；分裂时细胞核的生理功能仍可进行；在不利条件下，细胞分裂仍能进行。

（2）有丝分裂

有丝分裂是一种最普通的分裂方式，植物器官的生长一般都是以有丝分裂方式进行的。主要发生在植物根尖、茎尖及生长快的幼嫩部位的细胞中，分裂结果是形成两个新的子细胞。在分裂间期，细胞核具有明显的核膜、核仁及染色质粒或染色质丝。有丝分裂是一个复杂而连续的过程，根据形态学特点，把整个分裂期分成4个时期，即前期、中期、后期和末期（图1-9）。

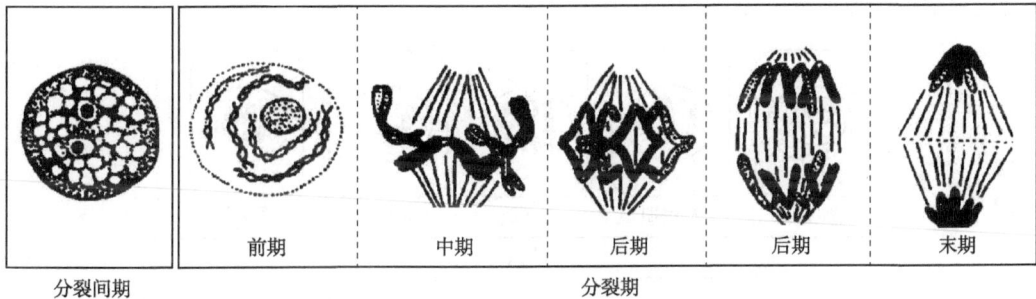

分裂间期	前期	中期	后期	后期	末期
			分裂期		

图1-9　植物细胞有丝分裂模式图（崔爱萍和邹秀华，2018）

①前期　是自分裂期开始到核膜解体为止的时期，其主要特征是染色质逐渐凝聚成染色体。最初，染色质呈细长的丝状结构，以后逐渐缩短、变粗，成为形态上可辨认的结构，即染色体。每一条染色体由两条染色单体组成，它们通过着丝点连接在一起。到前期的最后阶段，核仁变得模糊以至最终消失，几乎同时，核膜也全面瓦解。

②中期　从染色体排列到赤道面上，到染色单体开始分向两极之前，这段时间称为中期。中期的细胞特征是染色体排列到细胞中央的赤道板上，纺锤体明显。中期染色体浓缩变粗，显示出该物种所特有的数目和形态，因此中期适于做染色体的形态、结构和数目的研究。

③后期　每条染色体的两条染色单体分开并移向两极的时期。分开的染色体称为子染色体。子染色体到达两极时后期结束。后期的细胞特征是染色体分裂成两组子染色体，并分别朝相反的两极运动。

④末期　从子染色体到达两极开始至形成两个子细胞为止称为末期。末期的细胞特征是染色体到达两极，核膜、核仁重新出现。染色体到达两极后，纺锤体解体，染色体开始解螺旋，逐渐变成细长分散的染色质丝；与此同时，由糙面内质网分化出核膜，包围染色质，核仁重新出现，形成子细胞核。至此，细胞核分裂结束。

有丝分裂的胞质分裂，是在两个新的子细胞核之间形成新细胞壁，把母细胞分隔成两个子细胞的过程。一般情况下，胞质分裂紧接着核分裂进行，但在某些情况下，胞质分裂可延迟至细胞核经过多次分裂后才进行，很多植物的种子中胚乳的发育就是这种分裂方式；如果核分裂后并不形成新细胞壁，就形成了多核细胞，如某些低等植物和被子植物无节乳汁管的细胞。

有丝分裂是植物中普遍存在的一种细胞分裂方式。在有丝分裂过程中，每次核分裂前必须进行一次染色体的复制，在分裂时，每条染色体裂为两条子染色体，平均地分配给两个子细胞，这样就保证了每个子细胞具有与母细胞相同数量和类型的染色体。由于决定遗传特性的基因存在于染色体上，因此每一子细胞就有着与母细胞同样的遗传特性。这样有丝分裂就保证了子细胞与母细胞具有相同的遗传潜能，保持了细胞遗传的稳定性，对生物遗传具有重要的意义。

(3)减数分裂

减数分裂是指有性生殖的个体在形成生殖细胞过程中发生的一种特殊分裂方式。减数分裂与普通有丝分裂一样也涉及染色体的复制、染色体的分裂和运动等，所不同的是减数分裂过程中连续发生两次分裂(图1-10)。

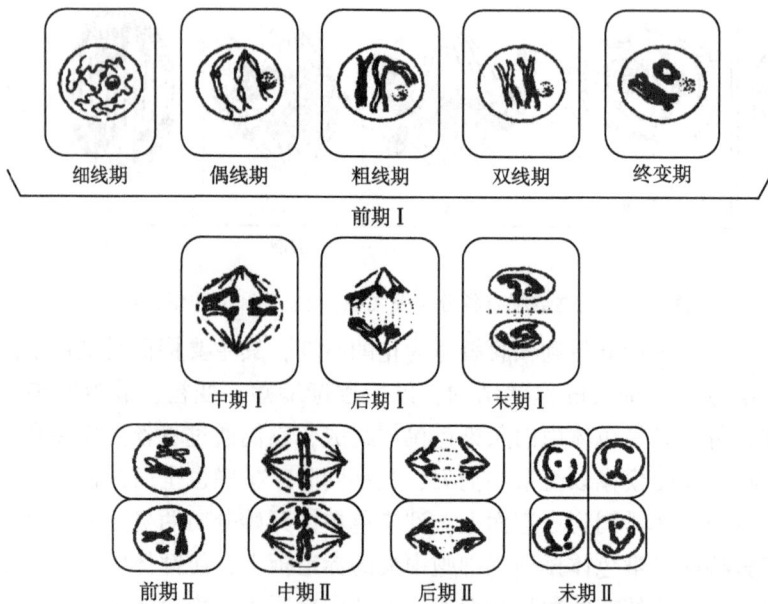

图1-10　减数分裂各期模式图(崔爱萍和邹秀华，2018)

①第一次分裂——减数分裂Ⅰ

前期Ⅰ　减数分裂开始时，细胞核中出现光学显微镜下可见的染色体，由于此时DNA和组蛋白的合成早已完成，所以此时的染色体实际已包含两条染色单体，但在光学显微镜下还难以分辨，此为细线期。接着，分别来自父本和母本的同源染色体两两配对(即联会)，此为偶线期。配对完成后，染色体逐渐变粗、变短，此为粗线期。粗线期，染色体缩短变粗的同时，成对的同源染色体各自形成两条染色单体，一条同源染色体上的染色单体与另一条同源染色体上的染色单体发生交叉扭合，并在交叉部位两条非姐妹染色单体发生断裂，互换染色体片段，从而改变了原来的基因组合，使后代发生变异。由于交叉常常发生在不只一个位点，因此此时可看到同源染色体在一处或多处相连(交叉)，此为双线期。之后，染色体更为缩短，并移向核的周围，核仁、核膜逐渐消失，进入终变期。

中期 I 与有丝分裂一样，中期 I 的特点也是染色体排列到细胞的赤道板上。由于在前期发生联会，因而在减数分裂的中期，同源染色体不分开，仍是成对地排列到细胞中央。

后期 I 由于纺锤丝的牵引，两条同源染色体(各含两条染色单体)分别向细胞两极移动，结果使细胞两极各有一组染色体，由于每一极只分到同源染色体中的一条，实现了染色体数目的减半。

末期 I 染色体解旋变细，但不完全伸展，仍然保持可见的染色体形态；核膜也不一定全部恢复，只是细胞质分裂，形成两个细胞，然后生成的细胞紧接着进行第二次分裂。

②第二次分裂——减数分裂 II 在减数分裂 I 形成的两个子细胞中，染色体的数目已经减半，但由于每条染色体都已复制成两条染色单体，因此子细胞的 DNA 含量并未减半。减数分裂 II 实际上是一次有丝分裂，并且在分裂前不再进行 DNA 的复制，其分裂过程同样分成前期、中期、后期、末期 4 个时期；前期 II 时间很短，不像前期 I 那样复杂，主要表现为染色体逐渐变粗短，至核膜、核仁消失；中期 II 时，每个细胞中含两条染色单体的染色体再次排列到细胞中央，纺锤体出现；到后期 II，每条染色体的两条染色单体分开，并分别移向细胞两极；随后，细胞分裂进入末期 II，胞质分裂，形成两个子细胞。至此，子细胞无论从 DNA 含量还是从染色体数目上看，都是减半。

经过减数分裂 I 和减数分裂 II 两个连续的过程，最终形成 4 单倍体的子细胞。

减数分裂具有重要的生物学意义，它与植物的有性生殖相联系，分裂的结果是性细胞(配子)的染色体数目减半，在以后发生的有性生殖过程中，两个配子结合形成合子，合子的染色体数目又重新恢复到亲本的水平，使有性生殖的后代始终保持亲本固有的染色体数目和类型。因此，减数分裂是有性生殖的前提，是保持物种稳定性的基础；同时，在减数分裂过程中，由于同源染色体发生联会、交叉和片段互换，从而使同源染色体上的基因发生重组，这就是有性生殖能使子代产生变异的原因。

任务实施

1. 培养洋葱根尖

在观察有丝分裂之前的 3~4d，取洋葱一个，放在广口瓶上，瓶内装满清水，让洋葱的底部接触到瓶内的水面。把这个装置放在温暖的地方，注意经常换水，使洋葱的底部总是接触到水。待根长 5cm 时，可取生长健壮的根尖制片观察。也可以把培养好的洋葱根尖用卡洛氏固定液固定起来备用。

2. 制作装片

(1)解离

14：00 是洋葱有丝分裂的高峰期，可在此时剪取洋葱的根尖 2~3mm，立即放入盛有适量解离液(质量分数 15% 的 HCl 溶液和体积分数 95% 的乙醇溶液按 1：1 混合)的玻璃皿中，在室温下解离 3~5min 后用镊子轻轻取出根尖。根尖应酥软，既不能太软，也不能太硬。解离充分是实验成功的必备条件。解离的目的是用药液溶解细胞间质，使组织细胞相互分离开。

（2）漂洗

将取出的根尖放入盛有清水的玻璃皿中漂洗约 10min，动作要轻，不要把根尖弄碎。漂洗的目的是洗去根尖多余的解离液。如果不把多余的解离液洗去，一方面会影响染色效果，因为解离液中含有 HCl，而用来染色的染料呈碱性；另一方面还会腐蚀显微镜的镜头。

（3）染色

把洋葱根尖放进盛有龙胆紫溶液（浓度为 0.01g/mL 或 0.02g/mL）的玻璃皿中，染色 3~5min。

（4）制片

用镊子将这段洋葱根尖取出来，放在载玻片上，加一滴清水，并且用镊子把洋葱根尖弄碎，盖上盖玻片，在盖玻片上再加一片载玻片。然后，用拇指轻轻地压载玻片，这样可以使细胞分散开来。

3. 观察洋葱根尖细胞有丝分裂

（1）低倍镜观察

把制作好的洋葱根尖装片先放在低倍镜下观察，慢慢移动装片，要求找到分生区细胞，其特点是：细胞呈正方形，排列紧密，有的细胞正在分裂。

（2）高倍镜观察

找到分生区细胞后，把低倍镜移走，换上高倍镜，用细调焦螺旋和反光镜把视野调整清晰，直到看清细胞物像为止。

观察时注意：可先找出处于细胞分裂中期的细胞，然后找出前期、后期、末期的细胞。注意观察各个时期细胞内染色体变化的特点。在一个视野里，往往不容易找全有丝分裂过程中各个时期的细胞，如果是这样，可以慢慢地移动装片，从邻近的分生区细胞中寻找。如果自制装片效果不太理想，可以观察教师演示的洋葱根尖细胞有丝分裂的固定装片。

任务考核

细胞有丝分裂考核参考标准

考核项目	考核内容	考核标准	考核方式	赋分（分）
基本素质	学习态度	态度认真，学习主动，全勤	单人考核	5
	团队协作	服从安排，与小组成员配合好	单人考核	5
任务实施	培养洋葱根尖	能正确进行洋葱根尖的培养，鳞茎底部接触水，但不能被水淹，注意换水和提供适宜温度；培养的鳞茎生长健壮	小组考核	15
	制作装片	解离适度，漂洗干净，染色液的浓度和染色时间准确；制片方法正确，用力适当	小组考核	20

（续）

考核项目	考核内容	考核标准	考核方式	赋分(分)
任务实施	观察	低倍镜观察能找到分生区细胞，高倍镜观察能找到有丝分裂各个时期的细胞	单人考核	15
	绘图	绘出洋葱根尖细胞有丝分裂的简图，把握各个时期的特点	单人考核	15
职业素质	方法能力	独立分析和解决问题的能力强	单人考核	10
	工作过程	操作规范、认真	单人考核	15
合　计				100

知识拓展

纺锤体的形成

纺锤体微管由微管蛋白聚合形成。微管蛋白的聚合有两种基本形式：一种是自我装配型，另一种是位点起始装配型。后者有特殊位点作为聚合的起始部位，前者没有这种特殊位点。形成纺锤体时的位点统称为微管组织中心（MTOC）。中心体和着丝点都是 MTOC，它们在离体情况下都能表现出使微管蛋白聚合成微管的能力。纺锤体的形成显然与这些 MTOC 的活动是分不开的。

思考与练习

1. 什么是植物的细胞周期？
2. 植物细胞有丝分裂各个时期的主要特点有哪些？
3. 植物细胞减数分裂与有丝分裂有什么不同？
4. 制作好洋葱根尖有丝分裂装片的关键是什么？

任务 1-4　识别植物组织

任务目标

熟悉植物分生组织的类型及分布，掌握分生组织中细胞的形态和结构特征，掌握各类成熟组织的类型、特征分布及功能。能熟练使用显微镜观察和识别植物的各种组织，为进一步学习植物器官的结构打好基础。

任务准备

学生每 4~6 人一组，每组准备以下仪器和材料：显微镜、擦镜纸；洋葱根尖纵切永久制片、杨树幼茎横切永久制片、蚕豆叶下表皮永久制片、椴树 3 年生茎横切永久制片、梨果肉石细胞永久制片、南瓜茎纵横切永久制片、松叶横切永久制片、玉米茎横切永久制片。

基础知识

植物在长期的进化过程中，由低等的单细胞植物体逐渐演化为高等的多细胞植物体。单细胞植物，在一个细胞中进行各种生理活动。多细胞植物，特别是种子植物，对环境有着高度的适应，其体内已经分化出许多生理功能不同、形态结构相应发生变化的细胞组合，这些细胞组合之间有机配合，紧密联系，形成各种器官，这样便能有效地完成有机体的整个生理活动。这些形态、结构相似，在个体发育中来源相同、担负着一定生理功能的细胞组合，称为组织。

组织是植物体内细胞生长、分化的结果，也是植物体复杂化和完善化的产物。通常植物的进化程度越高，其体内各种生理功能分工越精细，组织分化越明显，内部结构也就越复杂。

1. 植物组织的种类

植物组织的种类很多，按其发育程度把组织分为分生组织和成熟组织。成熟组织根据主要生理功能的不同以及形态结构的特点，又分为基本组织、保护组织、机械组织、输导组织和分泌组织，这 5 种组织是由分生组织衍生的细胞发展而成的。

（1）分生组织

由具有分裂能力的细胞组成的细胞群，称为分生组织。分生组织在植物一生中连续地或周期性地保持强烈的分裂能力，一方面为植物体产生其他组织的细胞(高等植物体内的其他组织都由分生组织分裂、生长、分化形成的，它们直接影响植物的生长)；另一方面，分生组织的分裂可以使其本身继续存在下去。分生组织的细胞个体小，排列紧密，无胞间隙，细胞壁薄，细胞核大，细胞质浓，无液泡或具有分散的不明显的小液泡。

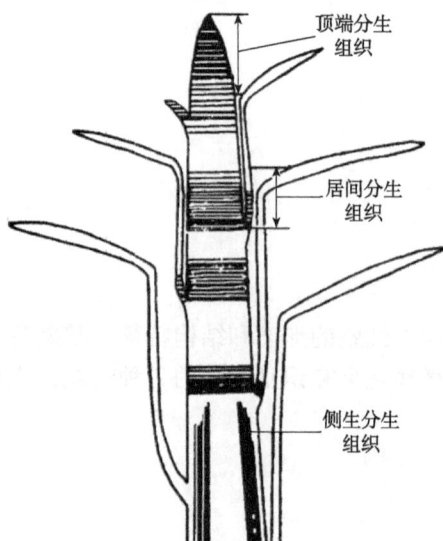

①按所处的位置不同划分　分生组织分为顶端分生组织、侧生分生组织和居间分生组织(图1-11)。

顶端分生组织　位于根和茎的先端，包括根尖和茎尖的生长锥及刚由生长锥分裂出来的细胞。顶端分生组织是由种子里的胚性细胞形成的，细胞排列紧密，能比较长期地保持旺盛的分裂能力。它们分裂产生的细胞一部分保持分裂能力，另一部分生长、分化，形成成熟组织。其功能主要是使根尖和茎尖的细胞不断增多，促使根和茎能不断地进行伸长生长；茎的顶端分生组织还能形成叶原基和腋芽原基。

侧生分生组织　位于裸子植物和多年生双子叶植物老根及老茎的侧方，包括维管形成层和木栓形成层。它们出现在成熟的组织中，与根或茎

图 1-11　分生组织图解(陈忠辉，2007)

的长轴平行，并成环状与所在器官的周围平行。维管形成层的细胞多为长纺锤形，少数是近等径的，其细胞具有不同程度的液泡化。维管形成层的活动时间较长，主要功能是使根和茎侧方的细胞数目不断地增多，使根和茎进行增粗生长。木栓形成层由薄壁细胞脱分化而来，位于维管形成层的外侧，为一层长轴状细胞，产生的细胞分化为木栓层和栓内层，在器官表面形成一种新的保护组织——周皮。

侧生分生组织主要存在于裸子植物和木本双子叶植物中，在单子叶植物中侧生分生组织一般不存在，因此草本双子叶植物和单子叶植物的根和茎没有明显的增粗生长。

居间分生组织　穿插于茎、叶、子房柄、花序轴等器官的成熟组织中，是顶端分生组织在某些器官中局部区域的保留。居间分生组织在一定时间内能保持分裂能力，以后就失去分裂能力转变为成熟组织。它的主要功能是使节间伸长。

典型的居间分生组织存在于许多单子叶植物的茎和叶中，如水稻、小麦等禾谷类作物，在茎的节间基部保留居间分生组织，当顶端分化成幼穗后，仍能借助于居间分生组织的活动进行拔节和抽穗，使茎急剧长高。葱、蒜、韭菜的叶子剪去上部还能继续伸长，也是因为叶基部的居间分生组织活动的结果。

②按分生组织的来源和性质划分　可分为原生分生组织、初生分生组织和次生分生组织 3 种。

原生分生组织　包括胚和成熟植株的茎尖或根尖的分生组织先端的原始细胞。原生分生组织的细胞体积较小，近于正方体，细胞核相对较大，细胞质浓，细胞器丰富，有很强的持续分裂或潜在分裂能力，是产生其他组织的最初来源。

初生分生组织　位于根端和茎端的原生分生组织的后方，是原生分生组织细胞分裂后经有限生长或衍生而来的组织。初生分生组织的细胞分裂能力仍较强，部分细胞初步分化为原表皮、基本分生组织和原形成层。原表皮位于最外周，主要进行径向分裂；基本分生组织位于原表皮之内，所占比例最大，可进行各个方向的分裂，以增加分生组织的体积；原形成层位于基本分生组织中的特定部位，其细胞扁而长，是分化产生成熟组织的基础。

次生分生组织　是由某些成熟组织经脱分化、重新恢复分裂能力而来的组织。次生分生组织的细胞扁长或为短轴型的扁多角形，细胞呈不同程度的液泡化。次生分生组织包括木栓形成层和维管形成层(尤其是束间形成层)，主要分布于根、茎的内侧。

如果把两种分类方法对应起来，则广义的顶端分生组织包括原生分生组织和初生分生组织，而侧生分生组织一般是指次生分生组织，其中束间形成层和木栓形成层是典型的次生分生组织。

(2)成熟组织

成熟组织是由分生组织分裂产生的细胞经过生长、分化和特化而形成的。这类组织一旦形成，在生理上和形态结构上就具有一定的稳定性，一般情况下不再分裂，所以又称为永久组织。成熟组织分为薄壁组织、保护组织、机械组织、输导组织和分泌组织。

①薄壁组织　又称为基本组织，是植物体内数量最多、分布最广的一种组织，它遍布于植物体的各个部位，如根、茎、叶、花、果实和种子等，是构成植物体的基础。

薄壁组织是由薄壁细胞构成的。一般细胞个体大，其内具有一个大液泡，细胞质少，细胞形状多样、排列疏松，具有较大的细胞间隙。有些薄壁细胞在一定的条件下能重新恢复分裂能力，形成分生组织，分生组织再进行细胞分裂而形成其他组织，这对于植物的营养繁殖和创伤的恢复都具有重要的意义。根据生理功能的不同，可将薄壁组织分为：

吸收组织　位于根尖的根毛区，包括根的表皮细胞及其外壁向外凸起所形成的管状结构的根毛。其功能是吸收土壤里的水分和营养物质，并将这些物质转送到根的输导组织中。

同化组织　在叶肉内最多，在幼茎、发育中的果实和种子中也存在。其最大特点是细胞内含有大量叶绿体，液泡化明显，功能是进行光合作用制造有机物。

贮藏组织　常见于根和茎的皮层、髓部、果实、种子的胚乳或子叶，以及块根、块茎等贮藏器官中，细胞内充满贮藏的营养物质，主要是糖类、蛋白质或脂类等。某些植物还有能积贮大量水分的贮水组织，也可以看作贮藏组织的一种。如仙人掌、凤梨、景天等茎或叶中具有贮藏大量水分和黏液的薄壁细胞，并组成贮水薄壁组织，是植物适应干旱的一种结构。

通气组织　水生或湿生植物常有通气组织，如莲的茎、叶柄中细胞具有发达的细胞间隙，形成气腔或气道，以利于气体交换。

传递细胞　是一种特化的薄壁细胞，其最显著的特征是细胞壁向内凸入细胞腔内，形成许多不规则的突起。这大大增加了质膜的表面积，加上富有胞间连丝，有利于代谢物质的短途运输与传递。

②保护组织　分布于植物体表面，由一层或数层细胞组成，其主要功能是控制蒸腾，防止水分过分散失，避免或减少机械损伤和其他生物的侵害，维护植物体内正常的生理活动。保护组织按其来源、形态结构及功能强弱，可分为初生保护组织(表皮)和次生保护组织(周皮)。

表皮　是根和茎、叶、花、果实等的表层细胞。表皮一般只有一层细胞，呈各种形状的板块状，排列紧密，除气孔外，没有其他的细胞间隙。有的细胞侧壁呈波纹或不规则形状，细胞相互嵌合，衔接更为紧密。细胞内含有大的液泡，一般不具有叶绿体，细胞的外壁常形成角质膜(图1-12)。

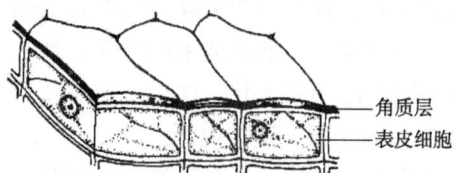

图1-12　表皮细胞及角质层(陈忠辉，2007)

角质层
表皮细胞

有些植物(如葡萄、苹果)的果实，角质层外还有一层蜡质，称为蜡被，具有防止病菌孢子在体表萌发的作用。有些植物的表皮还有各种单细胞或多细胞的表皮毛，具有保护和防止水分散失的作用。叶片的表皮上普遍存在着气孔器，借以调节水分的蒸腾和气体的交换，加强有机体与外界环境的联系。

周皮　存在于具有次生生长、能不断增粗的器官中，如裸子植物、双子叶植物的老根、老茎，是取代表皮的次生保护组织。周皮由木栓层、木栓形成层和栓内层共同组成(图1-13)。随着根、茎的继续增粗，周皮的内侧还可产生新的木栓形成层，再形成新的周皮。木栓层具多层细胞，细胞扁平，排列紧密，细胞之间无细胞间隙，细胞壁较厚并且高度栓化，细胞内的原

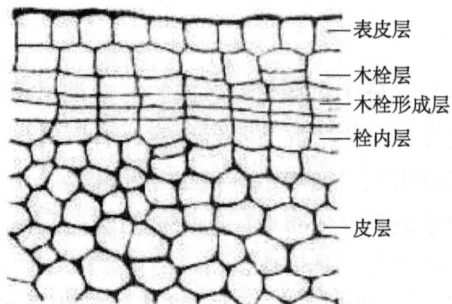

表皮层
木栓层
木栓形成层
栓内层

皮层

图1-13　棉花茎的部分横切面(崔爱萍等，2020)

生质体解体，从而具有不透水、绝缘、隔热、耐腐蚀、质轻等特性，对植物本身起着控制水分散失、防止病虫侵害以及抗御其他逆境等保护作用。

在周皮的形成过程中，在原有的气孔下面，木栓形成层细胞向外衍生出一种与木栓细胞不同，并具有疏松细胞间隙的组织，它们突破周皮，在树皮表面形成各种形状的小突起，称为皮孔。皮孔是周皮上的通气结构，皮孔的颜色和形状常作为冬季识别落叶树种的依据。

图 1-14　薄荷茎的厚角组织
（陈忠辉，2007）

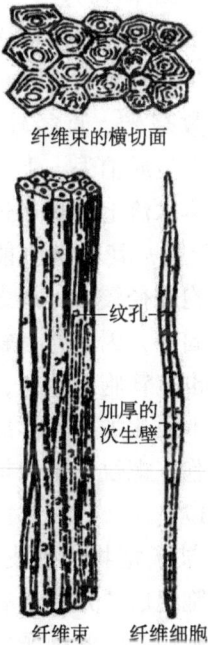

③机械组织　是一类支持、巩固植物体的细胞群，主要特征是细胞壁局部或全部加厚，有的还木质化，可以支持植物体枝叶的重量和抗风、雨、雪等外力的侵袭。木本植物的根、茎内机械组织非常发达，由于增厚的方式不同，机械组织可分为厚角组织和厚壁组织两类。

厚角组织　是一类细胞仅在其角隅处或相毗邻细胞间的初生壁显著增厚的组织（图1-14）。增厚处的主要成分是纤维素，也含有果胶质和半纤维素，但不含木质，因此厚角组织既有一定的坚韧性，又具有可塑性和延伸性。

厚角组织的细胞具有生活的原生质体，常含有叶绿体，有一定的分裂潜能。这类组织既有支持器官直立的作用，又能适应器官的生长，它们相当普遍地存在于尚在伸长或经常摆动的器官之中，如双子叶植物的幼茎、花梗、叶柄以及粗壮的叶脉等的薄壁组织外围，在很多草本双子叶植物矮小的茎和攀缘茎中，厚角组织是终生的支持组织。一串红、薄荷的茎中厚角组织常纵行集中在茎的边缘，使茎呈棱条。厚角组织的细胞较长，两端呈方形、斜形或尖形，彼此重叠连接成束，在横切面上其细胞腔接近于圆形或椭圆形。

纤维束的横切面

纹孔

加厚的次生壁

纤维束　　纤维细胞

图 1-15　厚壁组织
（崔爱萍和邹秀华，2018）

厚壁组织　细胞的细胞壁显著均匀地增厚，常木质化。细胞成熟后，细胞壁内仅剩下一个狭小的空腔，成为没有原生质体的死细胞，因而具有很强的支持作用。厚壁组织的细胞可单个或成群、成束地分散于其他组织之间，加强组织、器官的坚实程度。根据其形态的不同，厚壁组织分为纤维和石细胞。

纤维细胞细长，两端尖细，略呈纺锤形。细胞壁极厚，但木质化的程度差别甚大，有的很少木质化，有的则木质化程度很高。细胞腔很小，细胞壁上有少数小的斜缝隙状纹孔。纤维细胞互以尖端交错连接，多成束、成片地分布于植物体中，形成植物体内主要的加强支持或强化韧性的机械组织（图1-15）。成熟的纤维是死细胞。纤维的类型甚多，根据所在的部位不同，可分为制皮纤维和木纤维。

石细胞一般是由薄壁细胞经过细胞壁的强烈增厚并高度木质化（有时也可栓质化或角质化）而成的特化细胞。石细胞的细胞壁坚硬，分枝纹孔从细胞腔放射状分出，细胞腔很小，原生质体消失，故具有坚强的支持作用。石细胞形状多种多样，最常见的形状为椭圆形、球形、长形、分枝状或不规则形状等。石细胞通常成群聚生，有时也可单生于植物茎的皮层、韧皮部、髓内，桃、杏等的果皮，蚕豆等的种皮中也较常见。茶的叶肉、梨的果肉中分布的石细胞形态、数量是鉴别其品质的依据。

④输导组织　植物体内一部分细胞分化成为管状细胞，并相互连接，专门用来长距离输送水分和营养物质，这些细胞组成的细胞群称为输导组织。输导组织分布于植物体的各个器官中，形成复杂而完善的输导系统。根据输导组织的结构和所运输的物质不同，可将其分为运输水分和无机盐类的导管与管胞、运输有机同化物的筛管与筛胞两大类。

导管和管胞　是木质部中专门输送水分与溶于水的无机盐的结构。导管和管胞虽然功能相同，但是它们的结构、形状及疏导的方式却各不相同。

导管普遍存在于被子植物的木质部，是由许多管状、细胞壁木质化的死细胞纵向连接成的一种输导组织。导管的长度一般为几厘米至1m不等，在高大的树木和一些藤本植物中可长达数米。组成导管的每一个细胞称为导管分子。导管分子的侧壁形成各种纹饰的次生加厚，端壁逐渐解体消失，形成不同形式的穿孔。穿孔的形成及原生质体消失使导管成为中空的连续长管，有利于水分及无机盐的纵向运输。导管还可通过侧壁上的纹孔或未增厚的部分与毗邻的细胞进行横向运输。根据侧壁木质化增厚方式不同所呈现出的花纹式样，可将其分为环纹导管、螺纹导管、梯纹导管、网纹导管和孔纹导管5种类型（图1-16）。

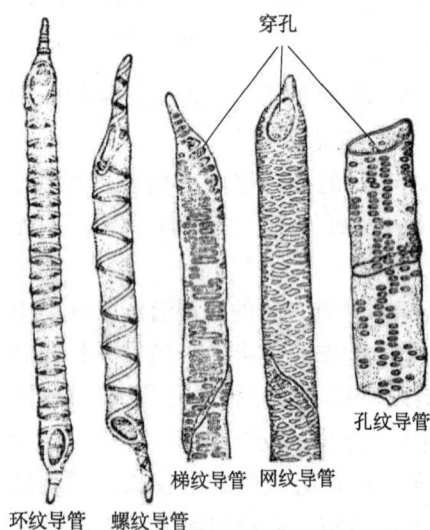

图1-16　导管分子的类型（陈忠辉，2007）

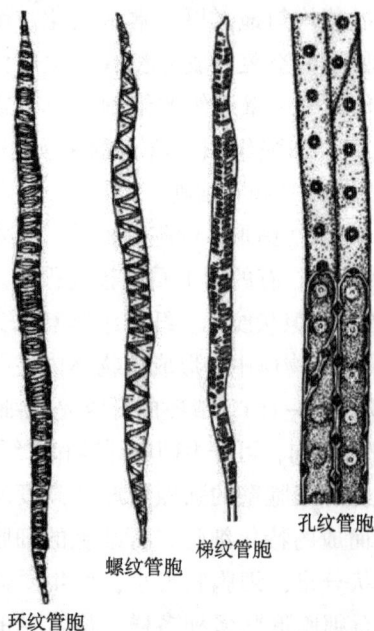

图1-17　管胞的类型（陈忠辉，2007）

管胞是绝大部分蕨类植物和裸子植物输送水分和无机盐类的主要通道。它是两端斜尖、长梭形的死细胞。一般长0.1mm至数毫米，直径较小。管胞的细胞壁增厚并木质化，原生质消失。上下排列的管胞各以斜面衔接。植物体水流上升是通过管胞斜面上的纹孔进入另一个管胞，其输送机能较差。由于管胞的壁部较厚，细胞腔径较小，加之斜端彼此贴合，增加了结构的坚固性，因此兼有较强的机械支持功能。被子植物中也有管胞的分布，帮助导管起运输作用。根据管胞木质化加厚所形成的花纹式样，可将其分为环纹管胞、螺纹管胞、梯纹管胞和孔纹管胞等类型（图1-17）。

筛管和筛胞　筛管存在于被子植物的韧皮部，由一些端壁相连的管状生活细胞组成，是输送有机养分的主要通道。每一组成细胞称为筛管分子，细胞长0.1~2.0mm。相连两个细胞的横壁局部溶解，形成许多小孔，称为筛孔。具有筛孔的横壁，称为筛板。相连两个细胞的细胞质通过筛孔彼此相连的丝状物，称为联络索。某些植物的筛管在侧面也有筛板，也可通过侧壁上的筛孔使相邻细胞的细胞质彼此相连。

筛管旁边有一至数个与筛管来源相同的小细胞，称为伴胞。伴胞也是生活细胞，它与筛管分子的侧壁之间存在更多的胞间连丝，起辅助筛管运输的作用。伴胞的细胞核较大，具有丰富的细胞器和发达的膜系统，高尔基体、线粒体、糙面内质网、质体等都较多，细胞质密度也较大，有很高的代谢活性（图 1-18）。

蕨类植物和裸子植物只有单个筛胞分子，它们之间以纹孔相通，疏导能力较差，是比较原始的输导结构。筛胞通常细长，末端尖斜，细胞壁上可有不甚特化的筛域出现，筛孔细小，一般不形成筛板结构。许多筛胞的斜壁或侧壁相接而纵向叠生。筛胞在植物系统发育中出现较早，比较原始，运输有机物质的速率和效率也都不如筛管。筛胞的旁侧与筛管不同，没有与其同源的伴胞。

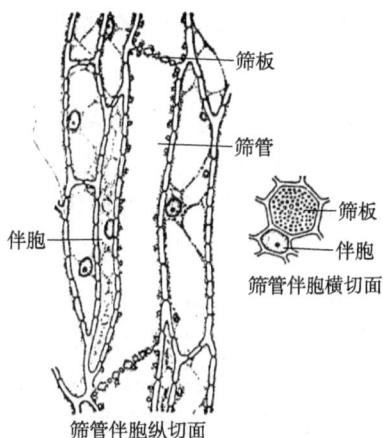

图 1-18 筛管与伴胞
（崔爱萍和邹秀华，2018）

⑤分泌组织 植物体中凡能产生分泌物质（如糖类、挥发油、有机酸、乳汁、蜜汁、单宁、树脂、生物碱、抗生素等）的有关细胞或特化的细胞组合称为分泌组织。根据分泌物质的发生部位和分泌物溢排情况，将分泌组织分为外分泌组织和内分泌组织两种（图 1-19）。

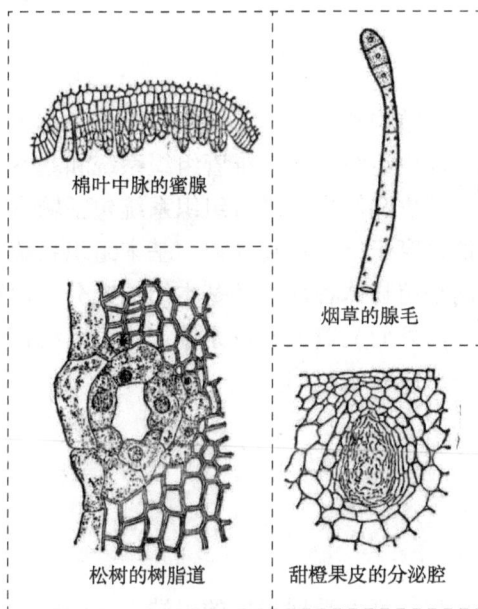

图 1-19 分泌组织
（崔爱萍和邹秀华，2018）

外分泌组织 将分泌物排到植物体外的组织称为外分泌组织，如腺毛和蜜腺。腺毛是植物表皮毛的一种，是由表皮细胞分化向外延伸而成的，它将分泌的黏液或精油排出体外，如泡桐茎、叶和花序上的腺毛，以及女贞幼叶的腺毛等。蜜腺常存在于植物的花朵或叶的表面，向外分泌蜜汁，蜜汁是植物新陈代谢的产物，能招引昆虫帮助传粉。蜜腺是虫媒植物的特征之一。不同植物上的蜜腺，其形态、构造和分布位置不同。如三色堇的蜜腺分布在花瓣内，油桐的蜜腺分布在叶柄顶端，樟树的蜜腺则分布在叶背面的脉腋内。

内分泌组织 将分泌物贮存于细胞内部或细胞间隙中的分泌组织称为内分泌组织。内分泌组织一般包括分泌细胞、分泌腔、乳汁管、树脂道等。

2. 维管组织和组织系统

(1) 维管组织

植物个体发育中，凡由同类细胞构成的组织，称为简单组织，如机械组织、分生组织和输导组织；而由多种类型的细胞构成的组织称为复合组织，如表皮、周皮、木质部、韧皮部和维管束等。被子植物的木质部由管胞、导管、木薄壁细胞、木纤维等构成，韧皮部由筛胞、筛管、伴胞、韧皮薄壁细胞、韧皮纤维等构成。木质部和韧皮部又合称维管组织。植物学中，把体内具有维管组织的植物称为维管植物。植物体中的木质部和韧皮部经常结合在一起形成分离的束状结构，称为维管束，如叶片中的叶脉等，它们连续地贯穿于整个植物体内，输导水分和养分，并起一定的支持作用。

根据维管束内形成层的有无，可将维管束分为有限维管束和无限维管束两类。有限维管束是指有些植物原形成层分裂产生的细胞，全部分化为木质部和韧皮部，没有留存能继续分裂出新细胞的形成层，这类维管束不能产生次生组织。大多数单子叶植物中的维管束属于有限维管束。而无限维管束是指有些植物的原形成层分裂产生的细胞，除大部分分化成木质部和韧皮部外，在二者之间还保留少量分生组织——束中形成层。

根据初生木质部与初生韧皮部排列方式的不同，可将维管束分为以下类型：

外韧维管束　在裸子植物和被子植物茎中，维管束的初生韧皮部位于初生木质部的外侧，此类型最为常见。

双韧维管束　初生韧皮部在初生木质部的内、外两侧，如南瓜属茎的维管束。

周木维管束　初生木质部包围着初生韧皮部，如菖蒲属茎的维管束。

周韧维管束　初生韧皮部包围着初生木质部，如蕨类植物水龙骨属根状茎的维管束。

辐射维管束　初生木质部呈辐射状排列，初生韧皮部位于初生木质部的放射角之间，如植物幼根的维管束。

(2) 组织系统

一个植物整体或一个器官上的一种或几种组织在结构和功能上组成一个单位，称为组织系统。植物的主要组织可归并成 3 种组织系统，即皮组织系统、维管组织系统和基本组织系统。皮组织系统又简称为皮系统，包括表皮、周皮和树皮。维管组织系统包括输导有机养分的韧皮部和输导水分的木质部，它们连续地贯穿于整个植物体内。基本组织系统主要包括各类薄壁组织、厚角组织和厚壁组织，它们是植物体各部分的基本组成成分。植物整体的结构表现为维管系统包埋于基本系统之中，而外面又覆盖着皮系统。组织系统把植物体地上和地下、营养和繁殖的各个器官结合起来形成有机整体。

■ 任务实施

1. 观察分生组织

取洋葱根尖纵切永久制片，先置于低倍镜下观察，可以看到根尖的先端有一个帽状的结构，是由许多排列疏松的细胞组成，称为根冠。在根冠的内侧，就是根尖的顶端分生组织。

转换高倍镜，可以观察到细胞间排列紧密，细胞壁很薄，细胞质浓。细胞核占细胞的比例较大，居于细胞中央，具有不断分裂的能力。由于这部分细胞的不断分裂，引起根尖的顶端生长。

2. 观察基本组织

取杨树幼茎横切永久制片，将中央髓部移至视野中央即可见髓部薄壁组织，为贮藏薄壁组织，细胞内无叶绿体而有贮藏物质存在，如淀粉、单宁等。

3. 观察保护组织

(1)观察双子叶植物叶表皮

取蚕豆叶下表皮永久制片，放在显微镜下观察，可以看到：表皮细胞为不规则形，排列紧密；在表皮细胞间分布有气孔器，保卫细胞的形状为肾形。

(2)观察周皮和皮孔

取椴树3年生茎横切永久制片置于显微镜下观察，在茎的外表有数层长方形细胞，排列整齐，无细胞间隙；细胞壁木栓化，为木栓层；木栓层有些地方已破裂向外凸起，裂口中有薄壁细胞填充，即形成皮孔。木栓层下面的一层细胞为木栓形成层，木栓形成层内侧一些薄壁细胞为栓内层，木栓层、木栓形成层和栓内层三者合称周皮。

4. 观察机械组织

(1)观察厚角组织

将向日葵茎横切永久制片置于显微镜下观察，可以看见表皮内紧接的几层皮层细胞没有细胞间隙，细胞壁在角隅处增厚或切向壁增厚，这些细胞壁局部加厚的细胞群为厚角组织。

(2)观察厚壁组织

取梨果肉石细胞永久制片置于显微镜下观察，可见近于等径的石细胞具有极厚的木质化壁，它们被染成红色，有分枝纹孔。

5. 观察输导组织

(1)观察导管和管胞

取南瓜茎的纵切永久制片，置于显微镜下观察，可见圆柱形细胞，增厚的次生壁被染成红色，根据细胞壁上加厚不同形成不同的花纹而区别为环纹导管、螺纹导管、梯纹导管、网纹导管、孔纹导管等不同类型的导管。此外，可见许多两头斜尖的长形细胞，即为管胞，根据细胞壁上加厚方式不同形成不同的花纹而区别为环纹管胞、螺纹管胞、梯纹管胞、孔纹管胞等不同类型的管胞。

(2)观察筛管和伴胞

取南瓜茎纵切永久制片，置于显微镜下观察，可见导管的外侧有被染成绿色的韧皮部。把韧皮部移至视野中央，可见筛管是由许多管状细胞组成。筛管侧面常有较小的薄壁细胞相连，即为伴胞。

6. 观察分泌组织

取松树叶横切永久制片，可看到较大的圆孔。此圆孔即为树脂道。圆孔的周围有一圈细胞为分泌细胞，分泌细胞常为椭圆形，细胞壁薄，细胞质浓，细胞核大，可分泌树脂。

7. 观察维管束

取玉米茎横切永久制片，在低倍镜下观察，可见基本组织中分布着许多束状的维管束。选一维管束移至视野中央，换高倍镜观察，可见每个维管束外围都有由木质化厚壁细胞组成的维管束鞘纤维。维管束内侧有两个大导管和一个小导管组成"V"字形木质部。木质部的外侧为韧皮部，其中较大的多边形细胞为筛管，较小的三角形或四边形细胞为伴胞。

任务考核

植物组织的观察考核参考标准

考核项目	考核内容	考核标准	考核方式	赋分(分)
基本素质	学习态度	态度认真，学习主动，全勤	单人考核	5
	团队协作	服从安排，与小组成员配合好	单人考核	5
任务实施	观察分生组织	切片选择正确，分生组织部位辨别准确，显微镜操作规范	单人考核	10
	观察成熟组织	选择不同类型的组织切片，在切片中准确辨别目标组织，形态特征描述正确，显微镜操作规范	单人考核	25
	绘图	绘出并注明各种组织的结构图，图示准确、完整	单人考核	30
职业素质	方法能力	独立分析和解决问题的能力强，表达准确	单人考核	5
	工作过程	操作规范、认真	单人考核	20
合　计				100

知识拓展

1. 植物组织培养原理

植物组织培养的原理是植物细胞具有全能性。植物体的所有细胞都来源于一个受精卵，当受精卵均等分裂时，染色体进行复制，这样分裂形成的两个子细胞里均含有与受精卵同样的遗传物质。因此，经过不断细胞分裂所形成的成千上万个子细胞，尽管它们在分化过程中会形成不同的组织或器官，但它们具有相同的基因组成，都携带有亲本的全套遗传信息，都有发育成为完整个体的潜能。

植物细胞全能性由高到低为受精卵>生殖细胞>体细胞。分化程度低(有分裂能力)的细胞，全能性高，反之则低。

2. 植物组织培养应用

(1)微型繁殖

微型繁殖是用于快速繁殖优良品种的植物组织培养技术，也称为快速繁殖技术。繁殖过程中的分裂方式是有丝分裂，亲代、子代细胞内 DNA 不变，所以能够保证亲代、子代遗传特性不变。

（2）作物脱毒

通过组织培养技术，利用茎尖、根尖等无毒组织进行培养，所获幼苗是无毒的。

（3）人工种子生产

人工种子是利用植物组织培养获得胚状体、不定芽、顶芽和腋芽等，然后包上人工种皮而形成。人工种子可使在自然条件下不结实或种子昂贵的植物得以繁殖；因该过程为无性繁殖，可保持亲本的优良性状；节约粮食，减少种子的使用；可以添加一些物质，如除草剂、促进生长的激素、有益菌等；周期短，易储存和运输，不受气候和地域的限制。

（4）细胞产物的工厂化生产

从人工培养的愈伤组织的细胞中提取某种成分，如紫草素、香料等。

思考与练习

1. 原分生组织、初生分生组织和次生分生组织的来源和细胞特征有何区别，与顶端分生组织、侧生分生组织有何关系？

2. 韭菜和葱收割后为什么还能继续生长？

3. 从结构和功能上区分厚角组织和厚壁组织、木质部和韧皮部、表皮和周皮、导管和筛管。

4. 详细说明植物成熟组织有哪几类，并说明植物组织之间的相互关系。

项目 2 　识别植物营养器官

在植物体中，由多种组织构成的具有一定形态特征和生理功能的部分称为器官。植物的器官分营养器官和生殖器官，其中根、茎、叶共同担负着植物体的营养生长，称为营养器官。营养器官的生长和发育对植物的生殖生长和繁殖具有重要意义。

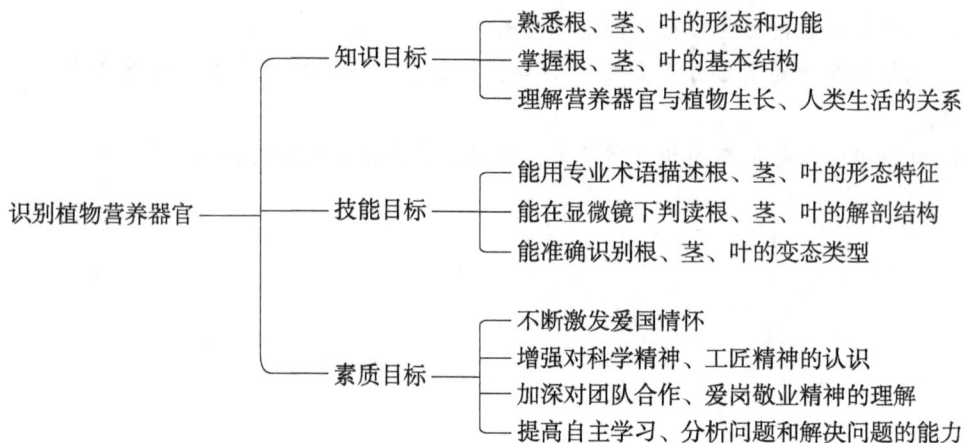

识别植物营养器官

知识目标
- 熟悉根、茎、叶的形态和功能
- 掌握根、茎、叶的基本结构
- 理解营养器官与植物生长、人类生活的关系

技能目标
- 能用专业术语描述根、茎、叶的形态特征
- 能在显微镜下判读根、茎、叶的解剖结构
- 能准确识别根、茎、叶的变态类型

素质目标
- 不断激发爱国情怀
- 增强对科学精神、工匠精神的认识
- 加深对团队合作、爱岗敬业精神的理解
- 提高自主学习、分析问题和解决问题的能力

任务 2-1　识别根

🌲 任务目标

认知根的生理功能，能正确描述根的形态特征，熟悉根及根系的类型。能准确识别双子叶植物根的初生结构和次生结构，熟悉根瘤和菌根及其在生产上的应用。

任务准备

学生每 2~3 人一组，每组准备以下材料和用具：小麦（或洋葱）根尖纵切永久制片、蚕豆幼根（或蚕豆幼根横切永久制片）、棉花（或向日葵）老根横切永久制片；显微镜、放大镜、载玻片、盖玻片、刀片、滴管、培养皿、吸水纸；蒸馏水、番红染液等。

基础知识

1. 根的生理功能

根是植物的地下营养器官，能从土壤中吸收水分及溶于水中的营养物质，并将它们输送到植物的地上部分；根将植物体固定在土壤中，与茎共同支持着植物体；有些植物如萝卜、胡萝卜、甜菜、甘薯等的根特别肥大，贮藏大量的有机养分；有些植物如丁香、紫藤、天竺葵等的根具有繁殖功能。

2. 根的形态

种子萌发时，胚根突破种皮，向下生长形成的根称为主根；主根生长到一定长度，在一定部位产生分枝，形成侧根，侧根上也能产生新的分枝。根据根的来源，可将根分为定根和不定根两类。主根和侧根都是从植物体固定的部位生长出来的，均属于定根。有些植物除产生定根外，还能从茎、叶、老根和胚轴上产生根，这些根称为不定根。

一株植物全部根的总体称为根系。根据起源和形态，根系分为直根系和须根系。主根发达粗壮、垂直向下生长，侧根较细小、与主根有明显区别，称为直根系。裸子植物和大部分双子叶植物的根系属于直根系，如油松、大豆、蒲公英等的根系。主根不发达或早期停止生长，由茎基部生出许多粗细相似的不定根，丛生如须状，称为须根系，如禾本科的小麦、水稻以及鳞茎植物葱、韭、蒜、百合等的根系(图 2-1)。

3. 根的变态

植物的营养器官由于长期适应环境条件的变化，在形态结构及生理功能上发生了极大的改变，并以此成为该种植物的遗传特性，这种变化称为变态。根的变态类型主要有贮藏根、气生根和寄生根(图 2-2)。

直根系　　　　　　须根系

图 2-1　直根系与须根系
（杨福林和张爽，2018）

支持根　　攀缘根　　　　呼吸根

图 2-2　变态根（杨福林和张爽，2018）

（1）贮藏根

贮藏根的主要功能是贮藏大量的营养物质，可分为肉质根和块根两种类型。肉质根的主根肥大肉质，其内的薄壁细胞中贮存大量养分，可供植物越冬和次年生长之用，如萝卜、胡萝卜的肉质根。块根由侧根或不定根的局部膨大而成，形似块状，如甘薯、何首乌等的块根。

（2）气生根

能在空气中正常生长的不定根称为气生根。因作用不同，可分为支持根、攀缘根和呼吸根。

支持根　从茎基部的节上长出许多不定根，并向下伸入土中，形成能够支持植物体的辅助根系，称为支持根。如玉米的不定根。生长在南方的榕树，常在侧枝上产生下垂的支持根，进入土壤，形成"独木成林"的景观。

攀缘根　有些植物如常春藤，茎细长柔软不能直立，茎上产生不定根，可将其自身固定在墙壁或其他物体上，这种不定根称为攀缘根。

呼吸根　部分沼泽或热带海滩地带的植物如红树林，长期生长在水湿环境中，呼吸十分困难，因此有部分根垂直向上生长，通过根中发达的通气组织进行呼吸，称为呼吸根。呼吸根外有呼吸孔，内有发达的通气组织，有利于通气和贮存气体，可以在缺氧的土壤条件下维持植物的正常生长。

（3）寄生根

寄生植物常附生或缠绕在寄主植株上，由根发育为吸器伸入寄主体内，与寄主植物的维管束相连接，以此吸收寄主的水分和养分而生存，这种根称为寄生根。如菟丝子的寄生根等。

4. 根的结构

（1）根尖的结构

根尖是指从根的顶端到着生根毛的部分。不论定根或不定根，都具有根尖。它是根生长、分化和吸收活动最重要的部分，它的损伤会影响到根的继续生长和吸收活动的进行。根尖从先端自下而上可分为根冠、分生区、伸长区和成熟区 4 个部分（图 2-3）。

①根冠 位于根尖最先端，由数层薄壁细胞组成，细胞排列疏松，外形似帽，覆盖在分生区外部。其外层细胞常分泌黏液，能减少根向土壤中生长时发生的摩擦；当根尖深入土壤时，根冠细胞与土粒摩擦受损而脱落，由内侧的分生组织产生新细胞补充，从而使根冠保持一定的形状和厚度，这是根在土壤中生长的一种适应性。根冠还可以感受重力，控制根的向地性生长。有些水生植物没有根冠。

②分生区 位于根冠内上方，全长 1～2mm，是分裂产生新细胞的主要部位，由分生组织的细胞构成。细胞小，细胞壁薄，细胞质浓，细胞核大，排列紧密，无细胞间隙。分生区分裂产生的新细胞，大部分过渡到伸长区，少部分补充到根冠，以补充根冠中损伤脱落的细胞。

③伸长区 位于分生区上方，长约几毫米，是根尖伸长生长的主要区域。细胞一方面沿长轴方向迅速伸长；另一方面开始分化，向成熟区过渡。细胞内均有明显的液泡，细胞核移向边缘。最早的环纹导管和筛管，往往在伸长区开始出现。由于伸长区细胞迅速生长，使得根尖不断向土层深处伸展。

④成熟区（根毛区） 位于伸长区上方，由伸长区的细胞分化成熟而来，细胞停止伸长。成熟区的突出特点是表皮密生根毛，每平方毫米可达

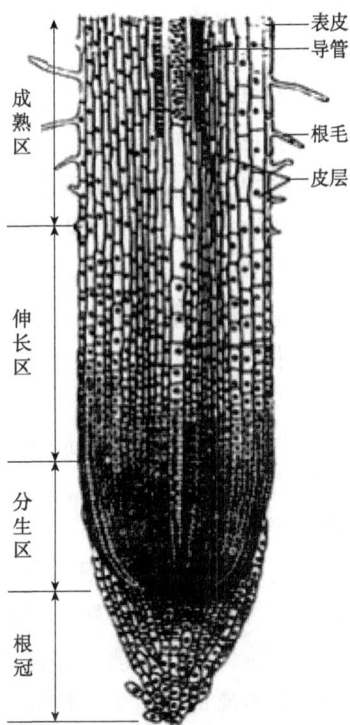

图 2-3 根尖（杨福林和张爽，2018）

数百根，如玉米约为 425 根/mm²，苹果约为 300 根/mm²，根毛的存在扩大了根的吸收面积。根毛的寿命很短，一般 10～20d 死亡，老的根毛死亡，靠近伸长区的细胞不断分化出新根毛。替代枯死的根毛。随着根毛的伸长生长，根毛区不断进入土壤中新的区域。

（2）双子叶植物根的初生结构

在根尖的成熟区已分化形成各种成熟组织，这些成熟组织是由顶端分生组织细胞分裂产生的细胞经生长分化形成的，称为根的初生结构，这种由顶端分生组织的活动所进行的生长称为初生生长（图 2-4）。

①表皮 位于最外面，由一层细胞构成；细胞排列紧密，细胞壁薄，水和无机盐可以自由通过；有些表皮细胞向外凸出形成根毛，扩大根的吸收面积。成熟区的表皮细胞吸收作用较其保护作用更为重要。

②皮层 位于表皮与中柱之间，由多层生活

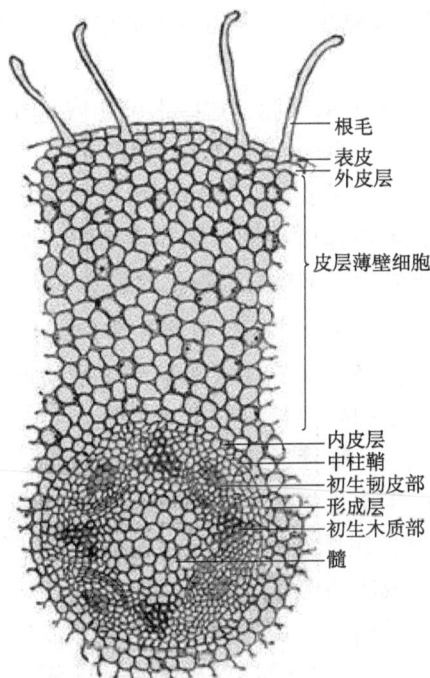

图 2-4 双子叶植物根的初生构造
（顾立新和崔爱萍，2019）

的薄壁细胞组成。由根毛所吸收的水分和盐类，通过皮层进入中柱，皮层也具有贮藏物质的功能和一定的通气作用。紧接表皮的 1~2 层细胞排列整齐紧密，水和无机盐可以通过，称为外皮层；当根毛枯死后，表皮细胞被破坏，外皮层细胞的细胞壁加厚并栓质化，代替表皮细胞起保护作用。皮层最内一层细胞排列整齐紧密，为内皮层。大多数双子叶植物和裸子植物中，内皮层细胞的径向壁和横向壁有带状加厚，称为凯氏带。在横切面上，凯氏带在相邻的径向壁上呈点状，称为凯氏点。凯氏带的这种特殊结构对根内水分和物质的运输起着控制作用。外皮层和内皮层之间的数层细胞，为皮层薄壁细胞，细胞较大，排列疏松，有发达的细胞间隙。

③中柱（维管柱）　位于内皮层以内，由中柱鞘、初生木质部、初生韧皮部和薄壁细胞组成，少数植物还有髓。

中柱鞘　位于中柱的最外层，是紧接内皮层里面的一至多层薄壁细胞，排列整齐而紧密，具有潜在的分裂能力，在一定条件下能恢复分裂能力形成侧根、不定芽、形成层及木栓形成层的一部分。

初生木质部　位于根的中央，在横切面上呈辐射状。初生木质部的细胞分化过程是由外向内的，即靠近中柱鞘的细胞最早开始分化为环纹导管和螺纹导管，这种最早分化形成的木质部称为原生木质部；接着继续向中心分化，形成梯纹导管、网纹导管、孔纹导管，称为后生木质部；后生木质部不断向内分化，最后连接起来而形成辐射状的木质部。根的初生木质部的这种由外向内分化成熟的方式称为外始式。原生木质部的束数是相对稳定的，一般双子叶植物束数少，为二原型至六原型，如油菜、萝卜、烟草是 2 束，称为二原型；豌豆、柳树是 3 束，称为三原型；棉花、向日葵是 4~5 束，蚕豆是 4~6 束。

初生韧皮部　位于初生木质部的放射角之间，根据成熟的先后分为原生韧皮部及后生韧皮部，其分化成熟的发育方式也是外始式。

薄壁组织　在初生韧皮部和初生木质部之间常有一些薄壁细胞，这些细胞能恢复分裂能力，产生次生结构。

髓　大多数双子叶植物根的中柱中央为木质部所占满，因而没有髓。少数双子叶植物如蚕豆有典型的髓。

（3）双子叶植物根的次生结构

大多数双子叶植物和裸子植物的根在完成初生生长后便开始出现次生分生组织——维管形成层和木栓形成层，进而产生次生组织，使根加粗。这种由次生分生组织进行的生长称为次生生长，所形成的结构称为次生结构（图2-5）。

①周皮　由木栓层、木栓形成层和栓内层三者构成。周皮的形成，使外面的皮层和表皮得不到水分和养分供应，最终相继死亡脱落。在多年生植物的根

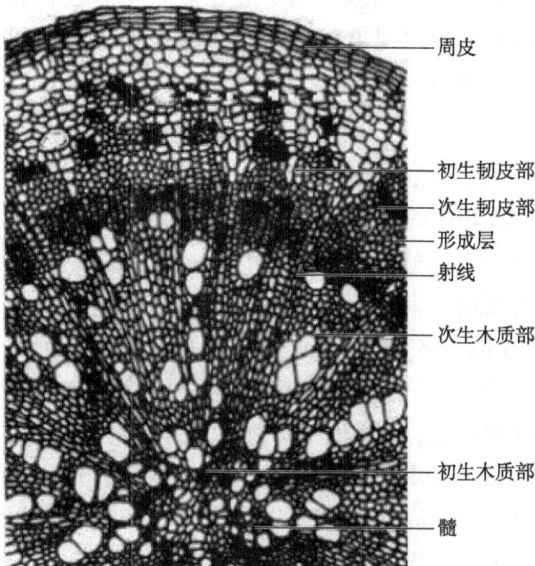

周皮

初生韧皮部
次生韧皮部
形成层
射线

次生木质部

初生木质部

髓

图 2-5　双子叶植物根的次生结构（陈忠辉，2012）

中每年均产生新的木栓形成层，进而形成新的周皮。

②初生韧皮部　在栓内层以内，大部分被挤压而呈破损状态，一般分辨不清。

③次生韧皮部　位于初生韧皮部内侧，由筛管、伴胞、韧皮纤维和韧皮薄壁细胞组成。其中细胞口径较大的为筛管；细胞口径较小、位于筛管侧壁的为伴胞；细胞壁薄的为韧皮纤维；韧皮薄壁细胞较大，在横切面上与筛管形态相似。

④形成层　位于次生韧皮部和次生木质部之间，是由一层扁长形的薄壁细胞组成的圆环。

⑤次生木质部　位于形成层以内，在横切面上占较大比例，由导管、管胞、木纤维和木薄壁细胞组成。

⑥初生木质部　在次生木质部之内，位于根的中心，呈星芒状。

⑦射线　许多薄壁细胞在径向方向上呈放射状排列，称为射线。由皮层通向髓的射线称为髓射线；位于木质部的射线为木射线，位于韧皮部的射线为韧皮射线，木射线与韧皮射线合称为维管射线。

（4）单子叶植物根的结构（以禾本科为例）

禾本科植物属于单子叶植物，其根的结构由表皮、皮层和中柱 3 个部分组成，与双子叶植物的根相比有以下特点：不产生形成层，没有次生生长和次生结构。

①表皮　根最外的一层细胞，也有根毛产生，但禾本科植物表皮细胞寿命一般较短，在根毛枯死后往往解体而脱落。

②皮层　位于表皮和中柱之间，靠近表皮的几层细胞为外皮层，在根发育后期，其细胞常转变成栓化的厚壁组织，在根毛枯萎后代替表皮行使保护作用。外皮层以内为皮层薄壁细胞，数量较多。水稻的皮层薄壁细胞在后期形成许多放射状排列的腔隙，以适应水湿环境。内皮层的绝大部分细胞径向壁、横向壁和内切向壁增厚，只有外切向壁未增厚。在横切面上，增厚的部分呈马蹄形。正对着初生木质部的内皮层细胞常停留在薄壁细胞阶段，成为通道细胞。

③中柱　分为中柱鞘、初生木质部和初生韧皮部等几个部分。初生木质部一般为多元型，由原生木质部和后生木质部组成。原生木质部在外侧，由一至几个小型导管组成；后生木质部位于内侧，仅有一个大型导管。中柱中央为髓部，但小麦的中央部分有时被一个或两个大型后生木质部导管所占满。在发育后期，髓、中柱鞘等组织常木质化增厚，整个中柱既保持了输导功能，又有强大的支持作用。

5. 根瘤和菌根

根系分布在土壤中，有些微生物能侵入植物的根，并从中取得可供它们生活的营养物质，同时植物也由于微生物的作用而获得所需要的营养物质，这种双方互利的关系称为共生。种子植物的根与微生物的共生，最常见的有形成根瘤与菌根。

（1）根瘤

豆科植物的根分泌一些物质吸引根瘤菌到根毛附近，根瘤菌产生分泌物使根毛卷曲、膨胀，并使根毛顶端细胞壁溶解，根瘤菌经此处侵入根毛进入根的皮层，随后根瘤菌迅速分裂繁殖，同时皮层细胞因根瘤菌侵入的刺激也迅速分裂和生长，而使根的局部体积膨

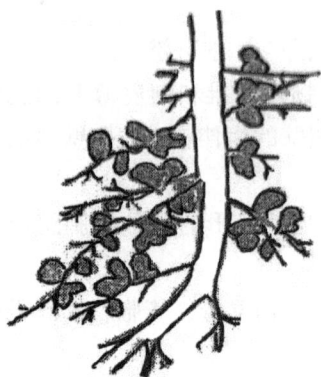

大，形成瘤状突起，即根瘤。根瘤菌从根的皮层细胞中吸取养分维持生活，同时能固定空气中的游离氮素供植物生长利用，而且还可以增加土壤的氮肥。生产上常施用根瘤菌或利用豆科植物与其他农作物轮作、套作或间作等，以达到少施肥而增产的目的。除豆科植物外，还有一些植物如苏铁、罗汉松、胡颓子等，它们的根上也有根瘤的形成（图2-6）。

图2-6 根瘤

（顾立新和崔爱萍，2019）

（2）菌根

有些植物的根可以与土壤中的某些真菌共生形成菌根。共生关系表现为真菌能增加根对水和无机盐的吸收和转化能力，而植物则把其制造的有机物提供给真菌。菌根有外生菌根、内生菌根和内外生菌根3种类型。

①外生菌根　真菌在幼根表面发育，它的菌丝常包在根尖外面形成一外套，部分菌丝侵入表皮和皮层的细胞间隙内，菌丝代替了根毛的作用，扩大了根的吸收面积，提高了根系吸收水分和养分的效率。如毛白杨、马尾松、云杉等的菌根（图2-7）。

②内生菌根　真菌的菌丝侵入到皮层的细胞腔内和细胞间隙中，根尖仍具根毛，其主要功能在于促进根内物质的运输，加强吸收功能。如银杏、核桃、五角枫、梣叶槭等的菌根（图2-8）。

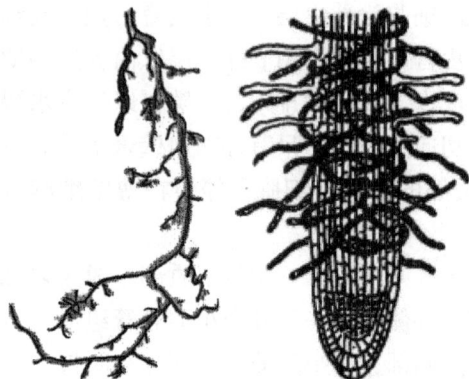

图2-7 外生菌根（形态及解剖构造）

（殷嘉俭，2017）

图2-8 内生菌根（形态及解剖构造）

（顾立新和崔爱萍，2019）

③内外生菌根　有一些植物，真菌的菌丝不仅包围着根尖，而且也能侵入皮层细胞的细胞腔内和细胞间隙中，称为内外生菌根。如桦木属植物的菌根。

任务实施

1. 观察根的外形

取蚕豆（或棉花）、小麦（或玉米）的幼苗，观察根的外形。前者主根发达、较粗长、向下生长，其旁分生侧根，为直根系。后者主根不发达，自茎的基部发生许多粗细相似的不定根，为须根系。

2. 观察根尖

取小麦(或洋葱)根尖纵切永久制片，置于低倍镜下，边观察边移动制片辨认根冠、分生区、伸长区、成熟区，然后转高倍镜观察各部位细胞的形态结构和特点。

3. 观察双子叶植物根初生结构

取蚕豆幼根，从根毛区做徒手横切，加番红染液染色，制成临时装片进行观察。或取蚕豆幼根横切永久制片，在显微镜下观察，从外到内辨认表皮、皮层、中柱鞘、初生木质部、初生韧皮部、髓。

4. 观察双子叶植物根次生结构

取棉花(或向日葵)老根横切永久制片，先在低倍镜下观察周皮和次生维管组织的位置，然后在高倍镜下依次辨认韧皮部、形成层、次生木质部、初生木质部、维管射线。

任务考核

植物根的识别考核参考标准

考核项目	考核内容	考核标准	考核方法	赋分(分)
基本素质	学习态度	态度认真，学习主动，全勤	单人考核	5
	团队协作	服从安排，与小组成员配合好	单人考核	5
任务实施	观察根尖	显微镜操作规范，根尖4个区域的判别准确，各区域特点的描述正确	单人考核	15
	观察双子叶植物根初生构造	显微镜操作规范，初生构造三大部分的判别准确，各部分特点的描述正确	单人考核	15
	观察双子叶植物根次生构造	显微镜操作规范，次生构造各部分的判别准确，注意周皮、形成层及次生木质部	单人考核	15
	绘图	绘出并注明上述3项的结构图，图示准确、完整	单人考核	20
职业素质	方法能力	独立分析和解决问题的能力强，表达准确	单人考核	5
	工作过程	操作规范、认真	单人考核	20
合　　计				100

知识拓展

大多数植物的根都是向下生长，这样才能固定植物，并充分吸收土壤中的水分和营养。但不是所有的植物的根都向下生长。植物学家到南美洲的委内瑞拉考察，在那里的丛林中发现了20多种根部朝天生长的植物。原来，当地的土壤所含的无机盐极少，植物被迫将根靠向周围的树干，从那些树干的树洞里摄取含矿物质的潴留雨水。科学家为了证明自己的论断，将含有大量无机盐的溶液反复浇向树干，根部的朝上生长现象果然加剧了。

生长在我国广东、福建沿海一带的海桑，它的根也能克服地心引力向上生长。海桑又称为剪包树，隶属于千屈菜科海桑属，高可达5m。它生活在缺氧的淤泥中，经常受到海水的侵袭，因呼吸困难而长出了专供呼吸的呼吸根。这种呼吸根的顶端有皮孔，内部是疏松的海绵状结构。为了吸取到新鲜氧气，海桑的呼吸根拼命伸出淤泥，就像冒出地面的春笋一样。

思考与练习

1. 列举出具有直根系与须根系的植物各5种。
2. 根瘤与菌根的主要区别是什么？谈谈根瘤在生产中的应用。

任务2-2 识别茎

任务目标

认知茎的生理功能，能正确描述茎的形态特征，熟悉芽的类型、茎的类型及茎的分枝方式。能准确识别双子叶植物茎的初生结构和次生结构，明确单子叶植物茎与双子叶植物茎结构的异同点。

任务准备

学生每2~3人一组，每组准备以下材料和用具：向日葵（或大丽菊）幼茎横切永久制片、椴树（或杨树）3年生茎横切永久制片；3年生的杨树或胡桃枝条，银杏的枝条，大叶黄杨、丁香、柳树、榆树等带芽的枝条；显微镜、小块绒布、纱布。

基础知识

茎是植物体三大营养器官之一，除少数生于地下外，一般是植物体生长在地上的营养器官。

1. 茎的生理功能

茎是植物体的枝干，与根共同支撑着植物体，使叶在空间中保持适当的位置，以便充分接受阳光而有利于进行光合作用和蒸腾作用；茎能使花在枝条上更好地开放以利于传粉；茎还能抵抗外界风、雨、雪等加到植株上的压力；茎将根吸收的水分和无机物向上输送到植物体的上部器官，并将叶光合作用合成的有机物向下输送，茎的这种输导作用把植物体各部分的生命活动联系起来；有些植物的幼茎含叶绿体，能进行光合作用；有些植物的茎具有贮藏营养物质和繁殖的功能。

2. 茎的形态

通常植物地上部分具有茎和许多反复发生的侧枝。着生叶和芽的茎称为枝条。茎上着生叶的部位称为节。相邻两个节之间的部分称为节间。节间的长短与枝条延伸生长的强弱有关，节间伸长显著的枝条称为长枝，节间短缩的枝条称为短枝。叶与枝条之间所形成的夹角区域称为叶腋。叶腋处生长的芽称为腋芽(或侧芽)。茎顶端的芽称为顶芽。多年生落叶乔木和灌木，当叶子脱落后，在枝条上留下的疤痕称为叶痕。叶痕中的小突起是叶柄和茎之间维管束断离后的痕迹，称为叶迹(或维管束痕)。在木本植物的枝条上含有皮孔，它是茎内组织与外界进行气体交换的通道。春季顶芽萌发生长时，芽鳞脱落留下的痕迹称为芽鳞痕。在季节性明显的地区，可根据枝条上芽鳞痕的数目判断其生长年龄和生长速度(图 2-9)。

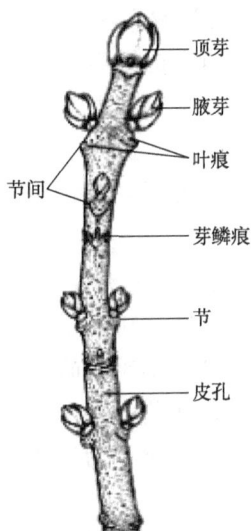

图 2-9　茎的形态
(顾立新和崔爱萍，2019)

植物的茎常呈圆柱形，这种形状最适宜于茎的支持和输导功能，有些植物的茎外形发生变化，如莎草科的茎为三棱形，薄荷、益母草等唇形科植物的茎为四棱形，芹菜的茎为多棱形，这对茎加强机械支持作用有适应意义。

3. 芽的类型

芽是未发育的枝或花和花序的雏体。植物的芽根据其生长位置、性质、芽鳞有无和生理状态可分为多种类型。

(1)按芽的生长位置划分

芽分为定芽和不定芽。发生在茎顶端和叶腋的芽即顶芽和腋芽(侧芽)，称为定芽。发生在根、叶或茎的其他部位的芽，称为不定芽，如苹果、枣、榆树的根，甘薯的块根，桑、柳等的老茎以及秋海棠、落地生根的叶上，均可生出不定芽。一个叶腋内通常有一个腋芽，但有些植物的叶腋内不止一个腋芽，多个腋芽并列着生称为并生芽，多个腋芽呈垂直方向而生称为叠生芽；有的腋芽生长在叶柄基部内，称为柄下芽，如悬铃木、刺槐等的腋芽。

(2)按芽的性质划分

芽分为枝芽、花芽和混合芽。芽萌发后形成枝、叶的称枝芽(或叶芽)。芽萌发后形成花或花序的称花芽。芽萌发后既可以发育成枝、叶，又能形成花或花序的，称为混合芽，如梨、苹果等的芽。花芽和混合芽通常比叶芽肥大，较易于区别(图 2-10)。

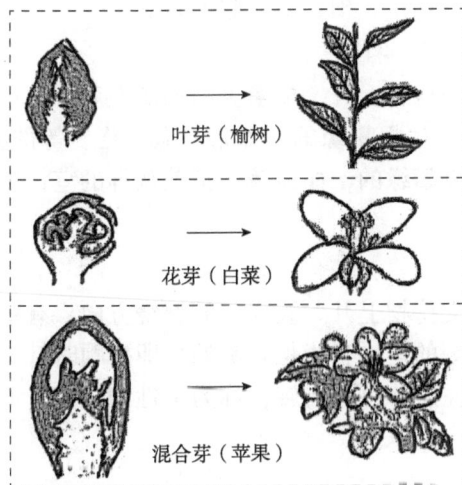

图 2-10　叶芽、花芽和混合芽
(崔爱萍和邹秀华，2018)

（3）按芽鳞有无划分

芽分为鳞芽和裸芽。多数生长在温带及寒带的多年生木本植物的芽越冬时，外面包有幼叶变成的芽鳞，芽鳞上常有蜡层、茸毛等附属物，以减少蒸腾和加强防寒保护作用，保护芽越冬，这种芽称为鳞芽，如悬铃木、卫矛等的越冬芽。一年生植物、多数二年生植物和少数多年生木本植物，越冬芽外面没有芽鳞包被，称为裸芽，如枫杨、棉花和核桃的雄花芽。

（4）按芽的生理状态划分

芽分为活动芽和休眠芽。活动芽是指在当年生长季节生长活动的芽。一年生草本植物，当年由种子萌发长出幼苗，逐渐成长至开花结果，植株上多数芽都是活动芽。多年生木本植物，在生长季节一般只有顶芽或距顶芽较近的腋芽萌发形成枝、叶或花、花序，这部分芽为活动芽；而距顶芽较远的腋芽不萌发，保持休眠状态，这种芽为休眠芽或潜伏芽。

4. 茎的类型

在长期的进化过程中，植物的茎为适应外界环境，完成其生理功能，形成了以下4种类型（图2-11）。

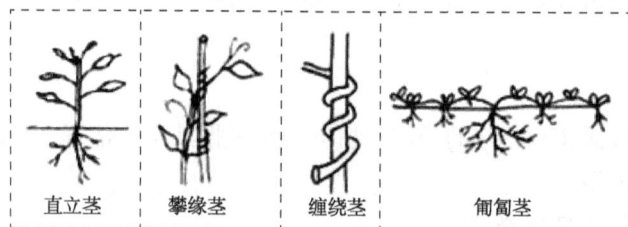

图2-11 茎的类型（崔爱萍和邹秀华，2018）

（1）直立茎

大多数植物的茎背地面而生，直立向上生长，如松、柏、杨、柳等的茎。

（2）攀缘茎

茎幼时较柔软，不能直立，以特有的结构攀缘他物上升。按攀缘结构的性质，又可分为：以卷须攀缘的，如葡萄、乌蔹莓等的茎；以气生根攀缘的，如常春藤、络石等的茎；以叶柄攀缘的，如旱金莲、铁线莲等的茎；以钩刺攀缘的，如白藤、猪殃殃等的茎；以吸盘攀缘的，如爬山虎等的茎。

（3）缠绕茎

茎幼时较柔软，不能直立，以茎本身缠绕于支持物上升。缠绕茎的缠绕方向，有些是左旋的，即按逆时针方向缠绕，如牵牛、马兜铃等的茎；有些是右旋的，即按顺时针方向缠绕，如忍冬等的茎。此外，有些植物的茎既可左旋，也可右旋，称为中性缠绕茎，如何首乌等的茎。

具有缠绕茎和攀缘茎的植物统称藤本植物。

（4）匍匐茎

茎细长柔弱，沿着地面蔓延生长，如草莓、酢浆草、虎耳草等的茎。匍匐茎一般节间较长，节上能生不定根，并能生长成新株，生产上利用这一特性可以进行繁殖。

此外，还可以根据茎的性质不同，将茎分为木质茎和草质茎两大类。木质茎含有大量的木质素，一般比较坚硬；而草质茎含有的木质素很少。

5. 茎的分枝方式

由于植物顶芽和腋芽的发育差异，形成不同的分枝方式(图 2-12)。茎的分枝使植物充分地利用阳光进行光合作用，有利于植物的生长发育。

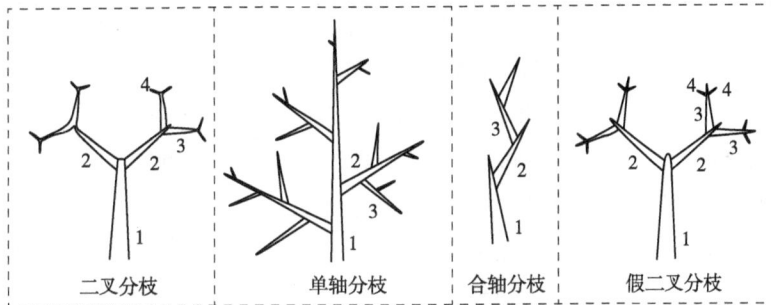

图 2-12　茎的分枝方式(顾立新和崔爱萍，2019)

(1)二叉分枝

植物主茎的顶芽生长一段时间后，顶端分生组织一分为二，形成两个相同的小枝，小枝经过一段时间的生长，又进行同样的分枝。此分枝方式是较原始的分枝方式，多见于低等植物，如苔藓植物和蕨类植物；在部分高等植物如石松、卷柏中也存在。

(2)单轴分枝(总状分枝)

单轴分枝又称为总状分枝。植物主茎的顶芽生长始终占优势，形成通直的主干，主干上又可以有多次分枝，但所有分枝的生长都超不过主干，最后形成圆锥形树冠。此分枝方式的树木出材率较高，多见于裸子植物如银杏、白皮松、圆柏等，以及部分被子植物如杨、山毛榉等。

(3)合轴分枝

合轴分枝没有明显的顶端优势，植株的顶芽生长一段时间后，停止生长或分化为花芽，由靠近顶芽的侧芽代替其生长成新枝，新枝的生长类似于主干，最后形成多折的主轴，使树冠呈开展状态，更利于通风透光。此分枝方式多见于被子植物中具有互生叶的树木，如桃、李、苹果等。合轴分枝的植株上部或树冠呈开展状态，既提高了支持和承受能力，又使枝、叶繁茂，通风透光，有效地扩大光合作用面积，是先进的分枝方式。

(4)假二叉分枝

假二叉分枝是合轴分枝的一种特殊形式，其主干生长一段时间后，顶芽不再发育或形成花芽，由顶芽下面的两个对生侧芽同时迅速发育，形成两个叉状的分枝，每个分枝的生长又类似于主干。此分枝方式多见于具有对生叶的被子植物如丁香、茉莉花、接骨木、石竹等。

分枝现象的普遍存在，反映了植物体对外界环境条件的一种适应。裸子植物的分枝方式大多为单轴分枝，被子植物的分枝方式多为合轴分枝或假二叉分枝。植物的分枝方式不是一成不变的，有些树木在幼年时呈单轴分枝，生长到一定年龄后，可能逐渐变为合轴分枝或假二叉分枝，如玉兰、女贞等。

6. 茎的变态

植物茎的变态可分为地上茎的变态和地下茎的变态两大类(表2-1、图2-13)。

表2-1 茎的变态类型

项目	类型	主要特征	主要功能	实例
地上茎的变态	茎刺	茎变为刺状，发生在顶芽或腋芽处	保护作用	皂荚、山楂
	茎卷须	茎细长，不能直立，发育为卷须状	攀缘作用	葡萄、南瓜
	叶状茎	叶退化，茎变成叶片状	光合作用	天门冬、竹节蓼
	肉质茎	叶退化，茎变成绿色肉质状	光合作用	仙人掌类植物
地下茎的变态	根状茎	外形似根状	贮藏和繁殖作用	莲、竹类
	块茎	外形呈块状		菊芋、马铃薯
	鳞茎	外形呈鳞片状		慈姑、荸荠
	球茎	外球形或扁球形		洋葱、百合

茎刺（山楂）　　茎卷须（葡萄）　　叶状茎（假叶树）　　肉质茎（仙人掌）

根状茎（莲）　　块茎（菊芋）　　鳞茎（洋葱）　　球茎（慈姑）

图2-13 茎的变态(殷嘉俭，2017；杨福林和张爽，2018)

（1）地上茎的变态

①茎刺　是茎变态形成的具有保护功能的刺。茎刺有的分枝，如皂荚；有的不分枝，如山楂、柑橘。蔷薇、月季上的皮刺则是由表皮形成的，与维管组织无联系，与茎刺有显著区别。

②茎卷须　许多攀缘植物的茎细长柔软，不能直立，变成卷须。茎卷须有的由腋芽发

育形成，如黄瓜和南瓜的茎卷须；也有的由顶芽发育形成，如葡萄的茎卷须。

③叶状茎　茎转变成叶状，扁平，呈绿色，能进行光合作用，如竹叶蓼、假叶树、蟹爪兰等的茎。竹节蓼的叶状枝极显著，叶小或全缺；假叶树的侧枝变为叶状枝，退化为鳞片状，叶腋可生小花。

④肉质茎　茎肥厚多汁，常为绿色，不仅可以贮藏水分和养分，还可以进行光合作用，如仙人掌、莴苣等的茎。

（2）地下茎的变态

①根状茎　匍匐生长在土壤中，像根，但有顶芽和明显的节与节间，节上有退化的鳞片状叶，叶腋有腋芽，可发育出地下茎的分枝或地上茎，有繁殖作用，同时节上有不定根，如竹类、芦苇、莲等的地下茎。

②块茎　为短粗的肉质地下茎，形状不规则。如马铃薯的块茎，顶端有一个顶芽，四周有很多芽眼，每个芽眼内有几个侧芽。在块茎生长初期，芽眼下方有鳞叶，长大后脱落。

③鳞茎　有许多肥厚的肉质鳞叶包围的扁平或圆盘状的地下茎，如洋葱、蒜、百合、水仙等的地下茎。鳞茎的基部有一个节间缩短、呈扁平形态的鳞茎盘，其上部中央生有顶芽，四周有鳞叶层层包围，鳞叶的叶腋有腋芽，鳞茎盘下产生不定根。

④球茎　球茎是肥而短的地下茎，有明显的节与节间，节上有退化的鳞片状叶和腋芽，其顶端有顶芽，如唐菖蒲、荸荠、慈姑等的地下茎。

7. 茎的结构

（1）茎尖的分区

茎尖指茎的最先端部分。从纵切面看，茎尖自上而下分为分生区、伸长区和成熟区 3 个部分。

①分生区　茎尖的顶端为分生区，在茎尖顶端以下的四周，有叶原基和腋芽原基。

②伸长区　位于分生区下面，是顶端分生组织发展为成熟组织的过渡区域。茎尖的伸长区较长，可包括几个节和节间，其长度比根的伸长区长。

③成熟区　位于伸长区下方，各种组织的分化基本完成，具备幼茎的初生结构。

（2）双子叶植物茎的初生结构

由茎尖的顶端分生组织经过细胞分裂、生长和分化形成的茎的成熟结构，称为初生结构。这一生长过程称为初生生长或伸长生长。初生结构从外向内由表皮、皮层和中柱组成（图 2-14）。

①表皮　位于茎的最外一层细胞，是茎的初生保护组织。细胞排列紧密，形状规则，细胞外侧壁较厚，有角质层，常具气孔，气孔是进行气体交换的通道。有的表皮细胞转化成单细胞或多细胞的表

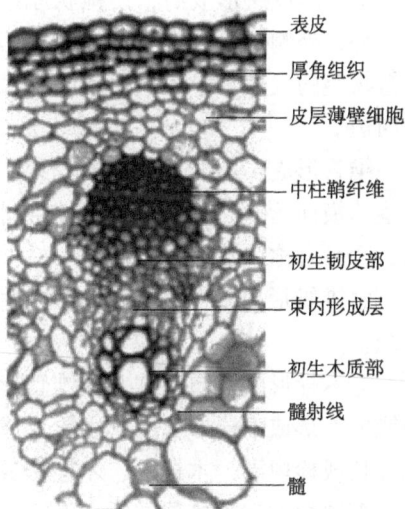

表皮
厚角组织
皮层薄壁细胞

中柱鞘纤维

初生韧皮部
束内形成层

初生木质部
髓射线

髓

图 2-14　双子叶植物茎的初生构造
（林纬等，2009）

皮毛，具有分泌和保护功能，起到防止茎内水分过度散失和病虫侵入的作用。

②皮层 位于表皮之内，主要由薄壁组织组成。细胞较大，排列疏松，有细胞间隙，细胞内常含有叶绿体，故幼茎常呈绿色，能进行光合作用。紧接表皮的几层比较小的细胞为厚角组织，可增加幼茎的机械支持作用。皮层最内一层为内皮层，多数植物茎的内皮层不明显，有些植物的幼茎内皮层细胞内含有较多的淀粉粒，形成淀粉鞘，如大丽花等茎的内皮层。

③中柱 皮层以内的部分，在低倍镜下观察时，可明显地区分出中柱鞘、初生维管束、髓、髓射线4个部分。中柱鞘是中柱的最外层，由一至几层细胞组成。有些植物茎的中柱鞘是由薄壁细胞组成的；有些植物茎的中柱鞘除薄壁组织外，还有厚壁组织，主要是纤维，称中柱鞘纤维。中柱鞘纤维在有的植物中聚集成束，或是成连续的环。中柱鞘的薄壁细胞与髓射线相连，在一定条件下可以产生不定根、不定芽和木栓形成层。初生维管束多呈束状，在横切面上许多维管束排列成一环；维管束中韧皮部与木质部相对排列，初生韧皮部在外，初生木质部在内，位于初生韧皮部和初生木质部之间的为束中形成层。髓位于茎的中央，由薄壁细胞组成，细胞常为圆形、椭圆形或多边形，细胞排列疏松，常贮藏各种营养物质。髓射线是相邻两个维管束之间的薄壁组织，外接皮层，内接髓，在横切面上呈放射状排列。

（3）双子叶植物茎的次生结构

木本植物茎是多年生的，在初生结构形成后，能产生维管形成层和木栓形成层。维管形成层和木栓形成层细胞分裂、生长和分化的过程，称为次生生长，产生的结构称为次生结构。

①维管形成层与次生维管组织 当初生结构形成后，束内形成层开始分裂产生新细胞。此时，各维管束之间与束内形成层相连接的髓射线细胞也恢复分裂能力，由薄壁细胞转变为分生组织而形成束间形成层，并与束内形成层相连接形成维管形成层。

维管形成层形成后，纺锤状原始细胞进行平周分裂，产生多层细胞，内侧分化为次生木质部，外侧分化为次生韧皮部，其中次生木质部的细胞比次生韧皮部的细胞多，所以木本植物茎的大部分是由次生木质部(木材)构成的；而初生韧皮部及次生韧皮部都分布于茎的周边。

维管形成层还能进行横向分裂产生射线薄壁细胞，形成放射状排列的次生射线，以加强茎的横向运输。其中，位于次生木质部的称为木射线，位于次生韧皮部的称为韧皮射线，两者合称维管射线。

由维管形成层分裂产生的次生木质部、次生韧皮部和维管射线合称为次生维管组织。

②木栓形成层与周皮 在维管形成层产生与活动的同时，表皮或部分皮层细胞恢复分裂能力，形成木栓形成层。木栓形成层进行平周分裂，外周细胞分化形成木栓层，内周细胞分化成栓内层，木栓层、木栓形成层和栓内层共同组成周皮。

多数植物茎木栓层的活动有一定限度，当茎继续加粗时，原有的周皮破裂而失去作用，在其内侧又产生新的木栓形成层，形成新的周皮。这样，木栓形成层的发生部位依次内移，直至次生韧皮部(图2-15)。

③木材的构造　维管形成层的活动常表现出一定的规律性。在温带地区，春季和初夏气候温和，雨水充沛，形成层活动较强，产生的导管和管胞管径较大而壁薄，木材质地较疏松，颜色较浅，称为早材；在盛夏和秋季，形成层活动减弱，产生的导管和管胞管径较小而壁厚，木材质地较坚实，颜色较深，称为晚材。同一年的早材和晚材是逐渐过渡的，二者构成一个年轮。根据年轮的数目可以判断树木的年龄。年轮的宽窄可以反映该地区历年的气候变化情况；如果一年中有多个生长高峰，则形成多个生长轮（假年轮）；如果季节性气候反常或受严重病虫害，也可能在一年中出现 2 个以上的生长轮或不产生年轮；生长在四季气候不明显地区的树木，一般没有年轮。

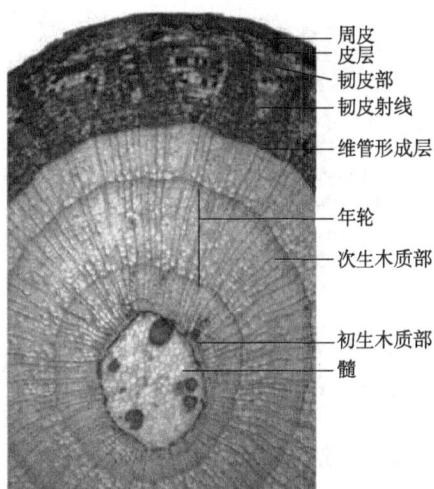

图 2-15　双子叶植物茎的次生结构
（崔爱萍和邹秀华，2018）

多年生木本植物随着生长，年轮增多，形成发达的次生木质部即木材。木材中靠近树皮的颜色较浅的部分称为边材，是近几年形成的次生木质部，有效地担负着输导和贮藏的功能。木材中央颜色较深的部分称为心材，是较早形成的次生木质部，基本丧失了输导和贮藏的功能，材质较密。

（4）单子叶植物茎的结构

单子叶植物的茎有明显的节与节间，大多数种类的植物节间中央部分萎缩，形成中空的秆，但也有一些具有实心的结构（如实心竹）。单子叶植物茎的共同特点是维管束散生分布，维管束内无形成层，茎由表皮、机械组织、基本组织和维管束 4 个部分组成（图 2-16）。

①表皮　由一层细胞构成，细胞排列紧密，细胞壁厚，外壁常硅质化或角质化，有少数气孔。

②机械组织　在表皮以内的基本组织中，常有几层厚壁细胞存在，是茎外围的机械组织。

③基本组织　表皮以内除机械组织和维管束外，均为基本组织。近外侧的细胞小而密，常含叶绿体，呈绿色；靠内侧的细胞较大，有间隙，不含叶绿体，有的茎中央的薄壁组织在发育过程中破裂而形成髓腔。竹类随着竹龄增加，薄壁组织的细胞壁逐渐增厚并木质化，成为坚硬的竹秆。因此，竹类能成"材"，但无次生构造。

④维管束　属于有限维管束，维管束外围被厚壁组织组成的维管束鞘所包，维管束由初生韧皮部和初生木质部组成。初生韧皮部包括原生韧皮部和后生韧皮部，初生木质部包括原生木质部和后生木质部。初生韧皮部位于外侧，由筛管和伴胞等组成。初生木质部位于内侧，在横切面上呈"V"形，包括一至多个导管及少量的木薄

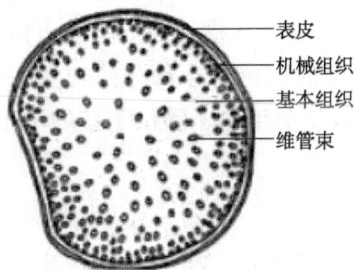

图 2-16　单子叶植物茎的横切面
（顾立新和崔爱萍，2019）

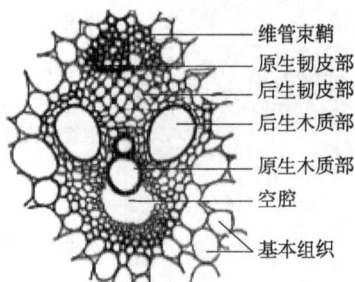

图 2-17 单子叶植物茎的维管束
（顾立新和崔爱萍，2019）

壁细胞。在生长过程中，导管常被拉破，四周的薄壁细胞互相分离，形成一个大空腔（图 2-17）。

任务实施

多数植物的茎为圆柱形，茎上着生的芽是枝、叶及花的原始体。多年生木本植物的茎，在初生结构形成后，由次生分生组织分裂、分化形成次生结构。一般草本植物茎的增粗生长不是很明显。单子叶植物的茎只有初生结构，没有次生结构。

1. 观察枝条外部形态及芽

取 3 年生的杨树或胡桃枝条观察，辨认节与节间、顶芽与侧芽（腋芽）、叶痕与叶迹、芽鳞痕、皮孔。取银杏的枝条，辨认长枝与短枝。

取大叶黄杨、丁香、柳、榆树、桃、枫杨和刺槐等的带芽枝条，仔细观察枝条上的芽，辨认顶芽与腋芽，叶芽、花芽与混合芽，以及鳞芽与裸芽、柄下芽。

2. 茎尖分区

观察冬芽纵切面永久制片，由上向下区分出分生区、伸长区和成熟区，观察各区域细胞的特点，并辨认生长点、叶原基、幼叶和腋芽原基等部分。

3. 观察双子叶植物茎初生构造

取向日葵幼茎横切永久制片，置于低倍镜下自外向内依次区分表皮、皮层、中柱 3 个部分，进一步观察各部分的细胞特点，特别注意区分皮层部分的厚角组织和皮层薄壁细胞，注意辨别中柱部分的中柱鞘、初生维管束、髓、髓射线的特征及所占比例。

4. 观察双子叶植物茎次生构造

取椴树 3 年生茎横切永久制片，置于显微镜下从外向内观察次生结构。周皮位于茎的最外面，由木栓层、木栓形成层和栓内层组成。皮层位于周皮以内，维管柱之外，由靠外侧的厚角组织和近内侧的薄壁细胞组成。韧皮部位于维管形成层之外，细胞呈梯形排列，其底边靠近维管形成层。在韧皮部中有成束被染成红色的韧皮纤维，其他被染成绿色的部分为筛管、伴胞和韧皮薄壁细胞。维管形成层由 1~2 层排列整齐的扁平细胞组成，呈环状，常被染成浅绿色。木质部是维管形成层以内染成红色的部分，在横切面上所占面积最大，主要由次生木质部组成。在次生木质部的内侧，紧接髓的部位有小部分的初生木质部。在低倍镜下，木质部可清楚地区分为 3 个同心圆环，即 3 个年轮。髓位于茎的中心，由排列疏松的薄壁细胞组成，细胞内常含有贮藏物质。

5. 观察单子叶植物茎的结构

取玉米茎横切永久制片，置于显微镜下自外向内依次观察表皮、机械组织、基本组织、维管束的基本特征；进一步观察维管束的组成与排列，注意木质部与韧皮部的相对位置，分析木质部的组成特点。

任务考核

植物茎的识别考核参考标准

考核项目	考核内容	考核标准	考核方法	赋分(分)
基本素质	学习态度	态度认真，学习主动，全勤	单人考核	5
	团队协作	服从安排，与小组其他成员配合好	单人考核	5
任务实施	观察枝条外部形态及芽	准确识别节、节间、叶痕、各种不同类型的芽	单人考核	15
	观察双子叶植物茎初生构造	显微镜操作规范，初生结构各部分判别准确，各部分特点的描述正确	单人考核	15
	观察双子叶植物茎次生构造	显微镜操作规范，次生结构各部分及年轮的判别准确	单人考核	15
	绘图	绘图并注明枝条外形、初生结构及次生结构，要求准确、完整	单人考核	20
职业素质	方法能力	独立分析和解决问题的能力强，表达准确	单人考核	5
	工作过程	工作过程规范、认真	单人考核	20
合　计				100

知识拓展

1. 为什么许多高大植物的树形是宝塔形的？

植物茎生长的顶端优势主要是由植物对生长素的运输特点和生长素生理作用的两重性决定的。植物茎的顶芽是产生生长素最活跃的部位，但顶芽处产生的生长素不断地运输到茎中，所以顶芽本身的生长素浓度是不高的，而在幼茎中的生长素浓度则较高，最适宜于茎的生长，但对芽却有抑制作用。越靠近顶芽位置，茎的生长素浓度越高，对侧芽的抑制作用就越强。这就是许多高大植物的树形呈宝塔形的原因。

2. 为什么大多数植物的茎是圆柱形？

周长相同的条件下，圆形树干横截面的面积最大。如此一来，圆形树干与枝干中的导管、筛管数量较多，输送水分和养分的能力更强。体积相同的条件下，圆形树干与圆形枝干的表面积最小，受病虫害侵袭的危险最小。

3. 最高的树

我国云南西双版纳热带密林中有一种擎天巨树，它具有高耸挺拔的树干，挺立于万木之上，使人无法仰望见它的树顶，甚至灵敏的测高器在这里也无济于事。因此，人们称其为望天树。当地人民又称它为"伞树"。

望天树属于龙脑香科柳安属，只生长在我国云南，是我国特产的珍稀树种，一般生长在海拔 700～1000m 的沟谷雨林及山地雨林中，形成独立的群落类型。因此，学术界把它视为热带雨林的标志树种。

望天树材质优良，生长迅速，生产力很高。一株望天树的主干材积可达 10.5m³，单株年平均生长量 0.085m³，是同林分中其他树种的 2～3 倍，因此是很值得推广的优良树种。同时，它的木材中含有丰富的树胶，花中含有香料油，还有许多其他未知成分尚待进一步分析研究和利用。由于望天树具有如此高的科学价值和经济价值，而它的分布范围又极其狭窄，所以被列为我国的一级重点保护野生植物。

望天树还有一个"兄弟"，名为擎天树。它其实是望天树的变种，是在 20 世纪 70 年代于广西发现的。擎天树的外形与望天树极其相似，也异常高大，常达 60～65m，仅枝下高就逾30m。其材质坚硬、耐腐性强，而且刨切面光洁，纹理美观，具有极高的经济价值和科学研究价值。擎天树仅仅发现生长在广西弄岗国家级自然保护区，因此同样受到严格的保护。

思考与练习

1. 解释"树怕剥皮，不怕烂心"的道理。
2. 说明茎的一般功能。
3. 从外形上如何区分根和茎？
4. 茎的分枝方式有几种？各有什么特点？
5. 什么是年轮？年轮是怎么形成的？

任务 2-3　识别叶

任务目标

了解叶的生理功能，能正确描述叶的形态特征，熟悉叶的类型与变态。能准确识别双子叶植物和单子叶植物叶的结构，明确叶的形态结构与环境的关系，掌握落叶的原因。

任务准备

学生每 2～3 人一组，每组准备以下材料和用具：棉花(或女贞)叶横切永久制片、玉米叶横切永久制片；槐、豌豆、紫藤、丁香、垂柳、毛白杨、胶东卫矛、月季、山桃、黄杨等的带叶枝条；显微镜、擦镜纸、小块绒布、纱布、枝剪。

基础知识

叶是植物制造有机养分的重要营养器官，光合作用的进行与叶绿体的存在以及整个叶的结构有着密切联系。

1. 叶的生理功能

（1）光合作用

叶是植物进行光合作用的主要场所。光合作用利用二氧化碳和水合成有机物，并将光能转变为化学能而贮存起来，同时释放出氧气。光合作用的产物除用于植物自身生命活动外，其他绝大多数生物包括人类在内，其生存都直接或间接依赖于植物光合作用的产物。

（2）蒸腾作用

蒸腾作用是水分以气体状态从植物体内散失到大气中的过程，对植物的生命活动有重大意义。蒸腾作用是植物吸水的动力之一；根系吸收的无机盐主要随蒸腾液流上升到地上各器官；蒸腾作用还可以降低叶的表面温度，避免叶在强光下受损害等。

（3）气体交换

光合作用所需的二氧化碳和所释放的氧气或呼吸作用所需的氧气和所释放的二氧化碳主要是通过叶片上的气孔进行交换的。有些植物的叶片还可以吸收二氧化硫、一氧化碳、氟化氢和氯气等有毒气体，并积累在叶片组织内，因此植物对净化大气具有一定的作用。

（4）繁殖作用

少数植物的叶有繁殖作用，如落地生根，在叶边缘上生有许多不定芽或小植株，叶片脱落后掉在土壤中，就可以长成一个个新个体。

（5）吸收作用

叶还有吸收作用。如根外施肥，叶片表面就能吸收营养物质；喷施农药时，农药也是通过叶表面吸收进入植物体内。另外，叶有多种经济价值，可作食用、药用以及其他用途。

2. 叶的组成和形态

（1）叶的组成

典型的叶由叶片、叶柄和托叶组成。具有这 3 个部分的叶称完全叶，如梨、桃、月季等植物的叶；仅有叶片或仅有叶片和叶柄的叶称不完全叶（图 2-18），如丁香、樟树无托叶。禾本科植物叶的组成较特殊，由叶片、叶鞘、叶舌、叶耳等组成。叶片通常是绿色扁平状，是进行光合作用的主要部分。叶柄是连接叶片与茎的柄状结构，主要起输导和支持作用。托叶为叶柄基部的附属物，通常成对而生，形状因植物种类而异。托叶对幼叶和腋芽有保护作用。有些植物的叶柄扩展成片状，将茎包围，称为叶鞘，如禾本科植物的叶柄；在叶鞘与叶片连接处的内侧，有膜质的小片称为叶舌；叶舌两侧有毛状物称为叶耳。

（2）叶片的形态

每种植物的叶片都有一定的形态，所以叶片是识别植物的主要依据之一。叶片的形态指标包括叶

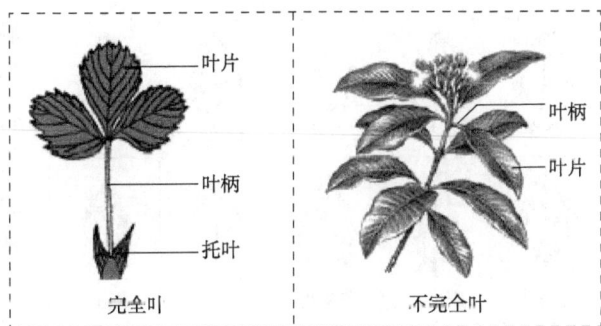

图 2-18 完全叶与不完全叶（殷嘉俭，2017）

形、叶尖、叶基、叶缘、叶裂、叶脉。

①叶形　指叶片的整体形状，是识别植物的重要依据之一。不同植物的叶形往往不同，一般根据它们的长、宽比例及较宽部分的位置进行划分（图2-19）。此外，叶还有很多特殊的形状。

②叶尖和叶基　叶尖、叶基因植物种类不同而呈现不同的类型（图2-20、图2-21）。

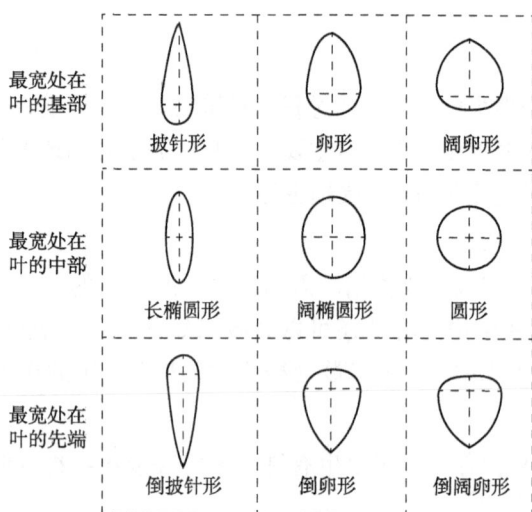

图2-19　叶片的形状

（最宽处在叶的基部：披针形、卵形、阔卵形；最宽处在叶的中部：长椭圆形、阔椭圆形、圆形；最宽处在叶的先端：倒披针形、倒卵形、倒阔卵形）

图2-20　叶尖的形态

（卷须状、芒尖、尾尖、短尖、钝尖、圆形、渐尖、急尖、骤尖、微凹、微缺、倒心形）

图2-21　叶基的形态

（心形、耳形、箭形、楔形、戟形、盾形、偏斜、抱茎、截形、渐尖）

图2-22　叶缘的形态

（全缘、浅波状、波状、深波状、皱波状、圆锯齿、锯齿状、细锯齿、睫毛状、重锯齿）

③叶缘和叶裂　叶缘指的是叶片的边缘，有全缘、波状、锯齿状、睫毛状、重锯齿等类型（图2-22）。叶缘凹凸不齐时，缺陷处称为缺刻，两缺刻之间的部分称为裂片。叶缘具有较大缺刻的边缘形态称为叶裂。按叶裂的形状分为掌状裂、羽状裂和三出裂，按叶裂缺刻的程度分为浅裂、深裂和全裂。

④叶脉　叶片中分布的脉纹为叶脉，是贯穿在叶肉内的维管束，起支持和输导作用。叶脉分为网状脉和平行脉两种。叶片有一条或数条明显的主脉，由主脉分出较细的侧脉，由侧脉分出更细的小脉，各小脉交错连接成网状的为网状脉。网状脉是双子叶植物的叶所具有的。网状脉分为羽状网脉和掌状网脉。叶具有一条明显的主脉，两侧分生出平行侧脉，称为羽

状网脉，如女贞、桃、苹果等的叶脉。叶具几条较粗的、由叶片基部射出的叶脉，称为掌状网脉，如棉花、瓜类的叶脉。

平行脉的叶脉彼此平行或接近平行而不交叉，是单子叶植物的特征之一。平行脉分为直出平行脉、弧状平行脉、射出平行脉和横出平行脉等。

（3）叶片质地

叶片除形态多种多样外，质地也有所不同。有的肥厚多汁，称为肉质叶，如景天的叶；有的较厚而坚韧，称为革质叶，如木兰、枇杷等的叶；有的较薄如纸，称为草质叶，如桃、一品红等的叶。

3. 叶的类型

根据叶柄上着生的叶片数，可分为单叶和复叶两种类型（图 2-23）。

（1）单叶

一个叶柄上只着生一个叶片的叶称为单叶，如杨、柳、桃等的叶。

（2）复叶

一个叶柄上着生两个或两个以上叶片的叶称为复叶。复叶中的叶柄称为总叶柄（或叶轴），总叶柄上着生的叶称为小叶。根据小叶在总叶柄上的排列情况，复叶可分为羽状复叶、掌状复叶、三出复叶和单身复叶 4 种类型。

羽状复叶　小叶着生在叶轴两侧，呈羽毛状排列。根据其顶端的小叶数，可分为奇数羽状复叶和偶数羽状复叶，顶端只有 1 片小叶的为奇数羽状复叶，如核桃、月季、刺槐、玫瑰等的叶；顶端具有 2 片小叶的为偶数羽状复叶，如合欢、皂荚、红豆等的叶。

也可根据叶轴的分枝情况进行分类。叶轴不分枝，小叶直接着生在叶轴上的为一回羽状复叶，如槐、紫穗槐、黄刺玫、月季等的叶；叶轴进行一次羽状分枝，在分枝上着生小叶的为二回羽状复叶，如栾树、合欢等的叶；叶轴羽状分枝两次以上的为多回羽状复叶。

掌状复叶　小叶 5 片以上，集中生长在叶轴顶端，呈掌状排列，如七叶树、人参等的叶。

三出复叶　具有 3 片小叶的复叶，如白车轴草、大豆、草莓等的叶。

单身复叶　总叶柄顶生的小叶较发达，在顶生小叶基部有一明显关节，形似一小叶，这种复叶称为单身复叶，是芸香科柑橘属植物所特有的，如柚、柑、橙等的叶。

| 单叶 | 奇数羽状复叶 | 偶数羽状复叶 | 二回羽状复叶 | 掌状复叶 | 三出复叶 | 单身复叶 |

图 2-23　单叶与复叶（杨福林和张爽，2018）

4. 叶序

叶在茎上的排列方式称为叶序。常见的叶序有互生、对生、轮生、簇生等。每个节上只长一片叶的为互生，如杨、柳、榆树、玉兰等。每个节上相对着生两片叶的为对生，如雪柳、连翘、女贞等。每个节上着生3片或3片以上叶的为轮生，如夹竹桃、茜草等。多片叶着生在极度缩短的短枝上的为簇生，如华北落叶松、银杏、雪松等(图2-24)。

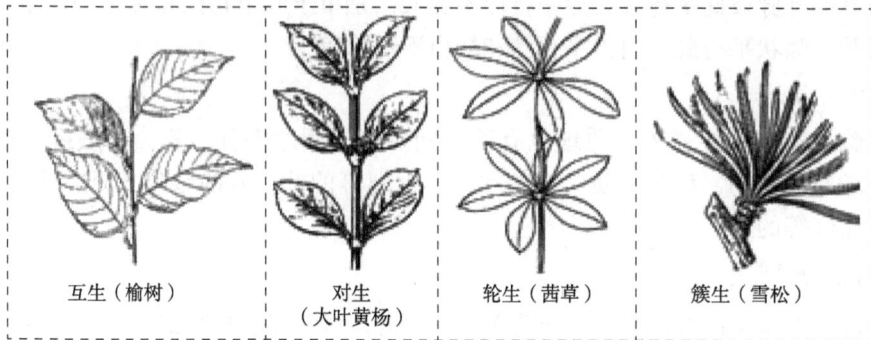

| 互生（榆树） | 对生（大叶黄杨） | 轮生（茜草） | 簇生（雪松） |

图2-24　叶序(杨福林和张爽，2018)

无论何种叶序，茎上相邻两节叶的着生位置、伸展方向均不同，有利于叶片充分地接收阳光进行光合作用。叶的这种镶嵌排列、彼此不重叠的现象称为叶镶嵌。

5. 叶的变态

有些植物的叶长期适应环境改变其原有的形态与功能，形成变态叶(表2-2、图2-25)。

表2-2　叶的变态类型

项目	芽鳞	苞片	鳞叶	叶刺	叶卷须	叶状柄	捕虫叶
主要特点	越冬芽外面的变态叶	花序、果序下方的变态叶	叶退化成不含叶绿体的鳞片	植株部分或全部叶变为刺	部分叶变为卷须状	叶片退化，叶柄呈叶片状	叶变成捕食昆虫的结构
主要作用	保护芽	保护花果	贮藏物质	保护植株	攀缘生长	光合作用	捕食昆虫
实例	杨、柳、苹果、梨	马蹄莲、三角花	百合、洋葱、贝母	仙人掌、小檗、刺槐	豌豆、土茯苓	台湾相思树、金合欢	猪笼草、捕蝇草

（1）鳞叶

叶特化或退化成鳞片状的为鳞叶。鳞叶有两种类型：一种是木本植物的鳞芽外的鳞叶，有保护芽的作用，又称为芽鳞；另一种是地下茎的鳞叶，这种鳞叶肥厚多汁，含有丰富的养分，如洋葱、百合的鳞叶。另外，藕、荸荠的节上生有膜质干燥的鳞叶，为退化叶。

（2）苞片和总苞

苞片是生长在花或花序下面的一种特殊的叶。数目多而聚生的花序基部的苞片称为总苞。苞片和总苞有保护花和果实的作用，如菊花的苞片、玉米雌花序外面的苞片等。有些植物的苞片具有鲜艳的颜色和特殊的形态而具有观赏价值，如一品红、叶子花、珙桐的苞片等。

（3）叶卷须

由叶的一部分变成卷须状，称为叶卷须，是羽状复叶上部变态而成，用于攀缘生长，如豌豆的叶卷须。

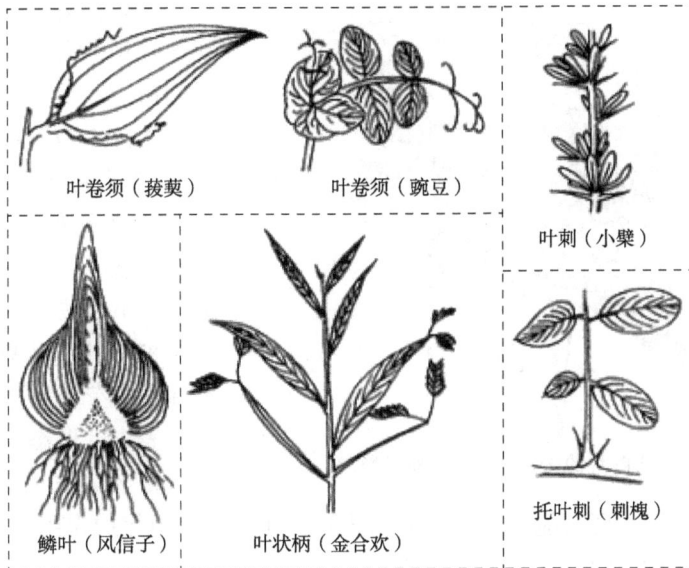

图 2-25　叶的变态(陈忠辉，2007)

（4）叶刺

由叶或叶的部分(托叶)变成刺，如仙人掌的叶刺。叶刺发生于枝条的下方，如果发生于枝条基部两侧，则为托叶刺，如刺槐的托叶刺。

（5）叶状柄

在幼苗时叶为羽状复叶，以后长出的叶叶柄变扁，小叶片逐渐退化，只剩下叶片状的叶柄代替叶功能，称为叶状柄，如台湾相思树的叶状柄。叶状柄与叶状茎一样，是干旱环境的适应类型。

（6）捕虫叶

有些植物具有能捕食小虫的叶称为捕虫叶。有的呈瓶状，如猪笼草的叶；有的为囊状，如狸藻的叶；有的呈盘状，如茅膏草的叶。在捕虫叶上有分泌黏液和消化液的腺毛，当捕捉昆虫后，由腺毛分泌消化液，消化昆虫。

营养器官的变态就来源和功能而言，可分为两种类型。一种是来源不同而外形相似、功能相同的器官，这种变态器官称为同功器官。例如，茎刺与叶刺，茎卷须与叶卷须，它们变态后的形态相似，功能相同。另一种是来源相同、外形和功能不同的器官，称为同源器官，如叶卷须和叶刺，同为叶的变态，但变态后形态构造、功能都不同。

6. 双子叶植物叶片的结构

不同植物叶的内部结构有差异，但基本结构都是由表皮、叶肉和叶脉组成(图 2-26)。

（1）表皮

表皮是覆盖在叶片外表的保护组织，分上表皮和下表皮。表皮一般由表皮细胞、气孔器、表皮毛等组成。

表皮细胞排列紧密，通常不含叶绿体。表皮细胞外壁常有角质层或表皮毛覆盖，起保护作用，如保护叶不受病菌侵害、防止过度日照等损害。

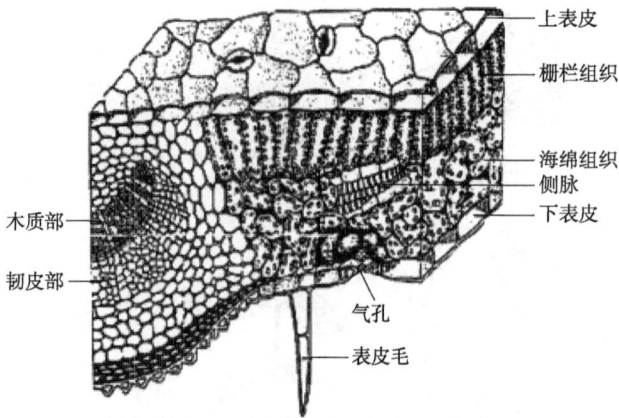

上表皮

栅栏组织

海绵组织
侧脉

下表皮

气孔

表皮毛

木质部

韧皮部

图 2-26　双子叶植物叶片的构造(顾立新和崔爱萍，2019)

在表皮细胞间分布着气孔，气孔是植物体与外界进行气体交换的通道。大多数双子叶植物的气孔由两个肾形的保卫细胞组成，气孔与保卫细胞合称为气孔器。气孔通常分布于上、下表皮，但下表皮较多。有些植物的气孔只分布在下表皮，如苹果、旱金莲；浮水植物的气孔只分布在上表皮，如睡莲、芡实等。

表皮毛形态各异，功能不同。不同植物表皮毛的种类和分布状况不相同。表皮毛的主要功能是减少水分的蒸腾，加强表皮的保护作用；蜜腺、腺毛、腺鳞均为表皮毛的结构，它们具有分泌功能。

（2）叶肉

上、下表皮之间的同化薄壁组织为叶肉，分为栅栏组织和海绵组织。栅栏组织位于上表皮之下，细胞长柱状，与上表皮相垂直，类似栅栏状，细胞内叶绿体相对较多。海绵组织位于栅栏组织与下表皮之间，细胞形态、大小不相同，细胞内叶绿体相对较少，细胞间隙大。栅栏组织和海绵组织的分化与叶的功能及生态条件是紧密联系的，具有栅栏组织和海绵组织的叶称为异面叶。

（3）叶脉

叶脉是分布在叶肉中的维管束，由叶柄中的维管束延伸而来，并与茎的维管束相连接，起支持和输导作用。双子叶植物的叶脉为网状脉，主脉和侧脉交错成网状排列于叶肉中。

主脉和大的侧脉常由维管束和维管束鞘组成。维管束包括木质部、韧皮部和形成层 3 个部分，木质部在上，韧皮部在下，形成层位于木质部和韧皮部之间，但活动时间很短，只产生极少量的次生组织。维管束外围有机械组织，称为维管束鞘。叶脉越细，构造越简单，木质部和韧皮部的细胞越少。

叶脉的输导组织与叶柄的输导组织相连，叶柄的输导组织又与茎、根的输导组织相连，从而使植物体内形成一个完整的输导系统。

7. 单子叶植物叶片的构造

（1）表皮

分上表皮和下表皮，细胞外壁不仅角质化形成角质层，而且硅质化形成硅质突起；在两个叶脉之间的上表皮部位有泡状细胞；表皮细胞之间分布有气孔器。

（2）叶肉

没有栅栏组织和海绵组织的分化，属于等面叶。细胞形态不一，细胞壁有明显的内褶现象，细胞壁的内褶增强光合作用。

（3）叶脉

由维管束和维管束鞘组成。维管束包括木质部和韧皮部两部分，木质部在上，韧皮部在下，在维管束外有维管束鞘包围。玉米的维管束鞘由单层细胞组成，细胞壁稍有增厚，细胞较大，排列整齐，含有叶绿体。在维管束与上、下表皮之间常有机械组织（图2-27）。

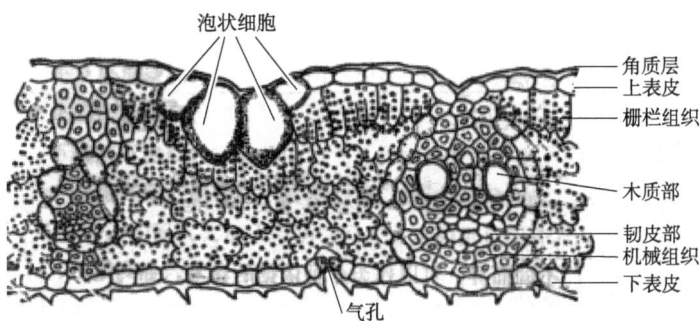

图 2-27　单子叶植物叶的构造（顾立新和崔爱萍，2019）

8. 叶的寿命与落叶

杨、柳、榆树、槐等树木，它们的叶在春季长出，冬季则全部枯萎而脱落，这类树木称为落叶树。而松、柏等树木，每年都有一部分叶片枯萎脱落，但植株上仍有大量的叶存在，同时每年增生新叶，这种树木称为常绿树。常绿树的叶寿命较长，如松叶2~5年，冷杉叶3~10年，而落叶树的叶寿命只有一个生长季。草本植物的叶随植株的死亡而枯萎。

落叶是植物对外界环境的一种适应，冬季气温下降，地温也下降，根系吸水量明显减少，落叶可以减少水分的消耗，从而维持植物体内的水分平衡。同时，叶片经过一定时期生长后，细胞的生理机能衰老而死亡。树木在落叶之前，叶柄基部有一部分细胞经过分裂产生几层薄壁细胞，它们横隔于叶柄基部，称为离层。离层细胞的胞间层溶解而彼此分离，再加上叶子的重力、外界风雨等外力作用，叶便从离层处脱落。叶子脱落前，离层下方的几层细胞栓化，在叶柄的断面处形成保护层（图2-28）。

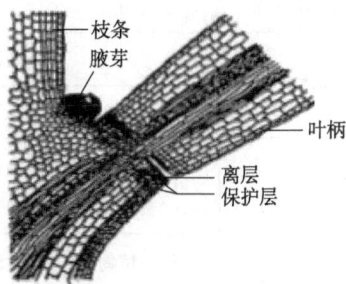

图 2-28　高层与保护层
（殷嘉俭，2017）

任务实施

1. 观察叶形态

取槐、豌豆、紫藤、丁香、垂柳、毛白杨、胶东卫矛、月季、山桃、黄杨等的带叶枝条。观察不同植物的叶，完成表2-3。

表 2-3　叶的形态特征

植物名称	叶的组成		叶的类型		叶形	叶尖	叶基	叶缘	叶脉	叶序
	完全叶	不完全叶	单叶	复叶						

2. 观察双子叶植物叶片构造

取棉花(或女贞)叶横切永久制片，置于显微镜下观察。首先辨认出表皮、叶肉和叶脉3个部分，然后观察各部分的细胞特征，特别要注意区分上表皮与下表皮、栅栏组织与海绵组织、叶脉中木质部与韧皮部。

3. 观察单子叶植物叶构造

取玉米叶横切永久制片，置于显微镜下观察。首先辨认出表皮、叶肉和叶脉3个部分，然后观察各部分的细胞特征，要特别注意区分上表皮与下表皮、泡状细胞、维管束鞘，注意观察叶脉的组成。

任务考核

植物叶的识别考核参考标准

考核项目	考核内容	考核标准	考核方法	赋分(分)
基本素质	学习态度	态度认真，学习主动，全勤	单人考核	5
	团队协作	服从安排，与小组成员配合好	单人考核	5
任务实施	叶形态观察	准确识别单叶、复叶。准确辨认各种叶片的形状	单人考核	15
	双子叶植物叶构造的观察	显微镜操作规范，表皮、叶肉、叶脉判别准确，特点的描述正确	单人考核	15
	单子叶植物叶构造的观察	显微镜操作规范。叶各部分判别准确，泡状细胞、维管束等描述正确	单人考核	15
	绘图	绘出并注明上述内容的形态结构图，要求准确、完整	单人考核	20
职业素质	方法能力	独立分析和解决问题的能力强	单人考核	5
	工作过程	工作过程规范、认真	单人考核	20
合　计				100

知识拓展

互生叶着生在茎上，如果任意取一片叶子作为起点，向上用线连接各个叶子的着生点，可以发现这是一条螺旋线，称为叶序螺旋线，它有顺时针和逆时针之分。在叶序螺旋线上，盘旋而上，直到上方另一片叶子的着生点恰好与起点叶的着生点在同一竖直线上，则该着生点称为终点。从起点叶到终点叶之间的螺旋线绕茎周数，称为叶序周。

不同植物叶序周可能不同，之间的叶数也可能不同。有的植物可能只是 1 周，也可能是 2 周、3 周或多周。叶数可能有 2 叶、3 叶、5 叶、8 叶或更多叶。在互生叶序中，相邻两叶在水平面上所成的角度称为互生叶的开度。如水稻、小麦、榆树等植物叶序周为 1（即绕茎 1 周），有 2 叶，叶在茎上排成 2 行，开度为 $360° \times 1/2 = 180°$；莎草、桑树叶序周为 1，有 3 叶，叶在茎上排成 3 行，开度为 $360° \times 1/3 = 120°$；苎麻、桃树叶序周为 2，有 5 叶，叶在茎上排成 5 行，开度为 $360° \times 2/5 = 144°$；白杨、梨树叶序周为 3，有 8 叶，叶在茎上排成 8 行，开度为 $360° \times 3/8 = 135°$。

思考与练习

1. 结合实例说明单叶、复叶和叶序的特征。
2. 列出当地常见的常绿树和落叶树各 10 种。

项目 3　识别植物生殖器官

被子植物从种子萌发长成幼苗，经过一段时间的营养生长后进入生殖生长，分化出花芽，然后开花、结果，产生种子繁殖后代。花的形态和结构为传粉和受精创造了有利条件，果皮和种子构成了植物的果实。花和果实是被子植物特有的器官。

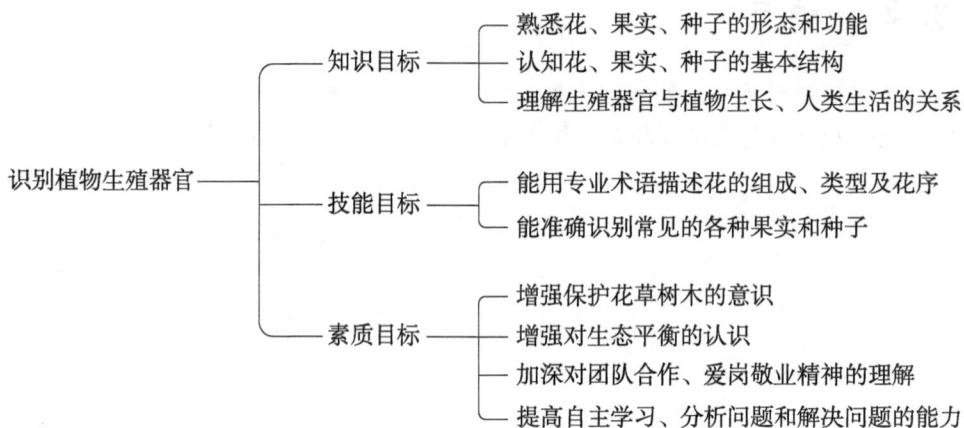

识别植物生殖器官
- 知识目标
  - 熟悉花、果实、种子的形态和功能
  - 认知花、果实、种子的基本结构
  - 理解生殖器官与植物生长、人类生活的关系
- 技能目标
  - 能用专业术语描述花的组成、类型及花序
  - 能准确识别常见的各种果实和种子
- 素质目标
  - 增强保护花草树木的意识
  - 增强对生态平衡的认识
  - 加深对团队合作、爱岗敬业精神的理解
  - 提高自主学习、分析问题和解决问题的能力

任务 3-1 识别花

🌲 任务目标

认识花的形态特征，熟悉花的组成与类型。能准确识别各种花序，明确花粉与胚囊的构造、发育及双受精的过程和意义。

任务准备

学生每 2~3 人一组，每组准备以下材料和用具：百合未成熟花药横切永久制片、百合成熟花药横切永久制片、百合子房横切永久制片；桃、苹果、刺槐、泡桐、向日葵、牵牛、石竹、油菜等植物的花（或相近类型的花），最好做到就地取材，采用鲜花，也可事先浸渍备用；显微镜、擦镜纸、小块绒布、纱布、放大镜、解剖针、镊子、剪枝剪等。

📖 基础知识

1. 花的组成

一朵典型的花包括花柄、花托、花被、雄蕊（群）和雌蕊（群）等部分。

（1）花柄与花托

花柄（花梗）指着生花的小枝，它支持着花向各方位展布，同时又是茎向花输送营养物质的通道。花柄的长短随着植物种类不同而有差异。花柄的顶端部分为花托，花托的形状因植物种类的不同有多种，如圆锥形、壶形、环状、盘状等（图 3-1）。

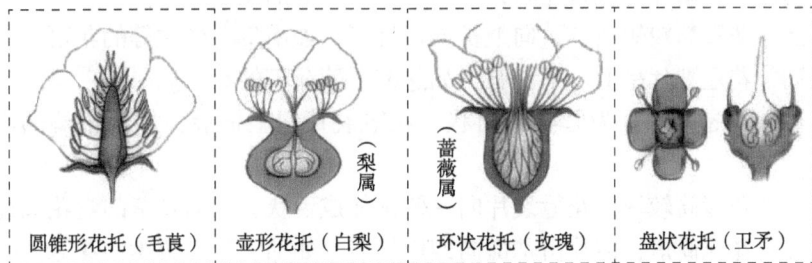

圆锥形花托（毛茛）　　壶形花托（白梨）（梨属）　　环状花托（玫瑰）（蔷薇属）　　盘状花托（卫矛）

图 3-1　花托的形状（殷嘉俭，2017）

（2）花被

花被是花萼和花冠的总称，起保护作用，有些植物的花被还有助于传粉。具有花萼和花冠的花为两被花，如油菜、番茄的花；只有花萼或花冠的花为单被花，如桑的花；完全没有花被的花为无被花，如杨、柳等的花。

①花萼　由若干萼片组成，一般呈绿色，具有保护幼花和光合作用的功能。萼片完全分离的称为离萼，如油菜的花萼；萼片部分或全部连合的称为合萼，如丁香、棉花的花萼；合萼下端连合的部分称为萼筒，顶端分离的部分称为萼裂片。有些植物的花萼具有两轮，外轮的花萼称为副萼。

②花冠　位于花萼的内侧，由若干花瓣组成，排列成一轮或数轮，有保护雌、雄蕊的作用。多数植物的花瓣，由于细胞内含有花青素或有色体，呈现出鲜艳的颜色，有的还会分泌蜜汁和香味，具有招引昆虫传粉的作用。花冠可分为离瓣花冠和合瓣花冠(图3-2)。

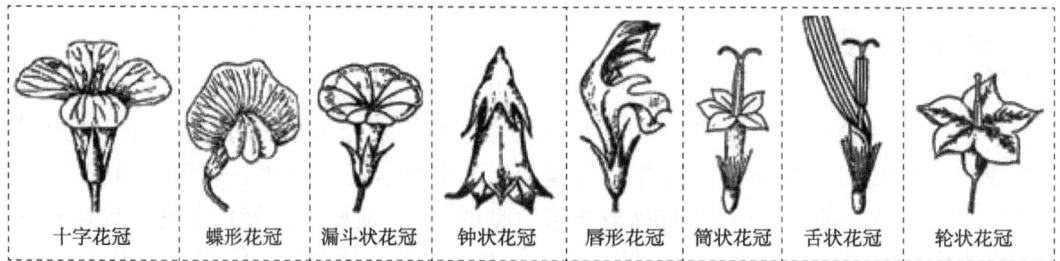

| 十字花冠 | 蝶形花冠 | 漏斗状花冠 | 钟状花冠 | 唇形花冠 | 筒状花冠 | 舌状花冠 | 轮状花冠 |

图3-2　花冠的类型(崔爱萍等，2020)

A. 离瓣花冠　花瓣彼此分离，常见的有以下几种：

蔷薇花冠　由5片(或5的倍数)分离的花瓣排列成五星辐射状，是蔷薇科的特征之一，如桃、苹果等的花冠。

十字花冠　由4片分离的花瓣排列成"十"字形，是十字花科的特征之一，如油菜的花冠。

蝶形花冠　花瓣5片离生，花形似蝶。最外面的一片花瓣最大，称为旗瓣；两侧的两瓣称为翼瓣；最里面的两瓣顶部稍连合或不连合，称为龙骨瓣，如花生、洋槐等的花冠。

B. 合瓣花冠　花瓣全部或部分合生，常见的有以下几种：

漏斗状花冠　花瓣连合成漏斗状，如牵牛、甘薯等的花冠。

钟状花冠　花冠筒较短而广，向上扩展似钟形，如南瓜、桔梗等的花冠。

唇形花冠　花冠裂片呈上、下二唇，如芝麻、薄荷等的花冠。

筒状花冠　花冠大部分为管状或筒状，花冠裂片向上伸展，如向日葵的盘花中央的花冠。

舌状花冠　花冠筒较短，花冠裂片向一侧延伸成舌状，如向日葵的盘花周边的花冠。

轮状花冠　花冠筒短，裂片由基部向四周扩展，如茄、常春藤等的花冠。

(3)雄蕊(群)

雄蕊群是一朵花中所有雄蕊的总称。雄蕊由花丝和花药两部分组成。花丝细长，花药位于花丝顶端膨大呈囊状，是产生花粉粒的部位。雄蕊分为离生雄蕊和合生雄蕊(图3-3)。

①离生雄蕊　花中的雄蕊彼此分离。其中，特殊的雄蕊数目固定、长短悬殊，典型的有以下几种：

图 3-3　雄蕊的类型(崔爱萍等，2020)

二强雄蕊　花中雄蕊 4 枚，2 长 2 短，如薄荷、益母草等的雄蕊。

四强雄蕊　花中雄蕊 6 枚，4 长 2 短，如萝卜、油菜等的雄蕊。

②合生雄蕊　花中雄蕊全部或部分合生，常见的有以下几种。

单体雄蕊　花丝下部连合成筒状，花丝上部或花药仍分离，如棉花、木槿等的雄蕊。

二体雄蕊　花丝连合成两组，其中 9 枚花丝连合，另一枚单生，如大豆的雄蕊。

多体雄蕊　雄蕊多数，花丝基部合生成多束，如蓖麻、金丝桃等的雄蕊。

聚药雄蕊　花丝分离，花药合生，如向日葵、南瓜等的雄蕊。

（4）雌蕊（群）

　　一朵花中所有的雌蕊合称雌蕊群。雌蕊位于花的中央部分，由柱头、花柱和子房 3 个部分组成。柱头是接受花粉粒的地方；花柱位于柱头和子房之间；子房是雌蕊基部膨大的部位，外部为子房壁，内具一至多个子房室，室内胎座部位着生胚珠。受精后，子房发育为果实，子房壁发育成果皮，胚珠发育成种子。

　　组成雌蕊的变态叶称为心皮，根据心皮的数目及离合情况，雌蕊分为 3 种类型（图 3-4）。

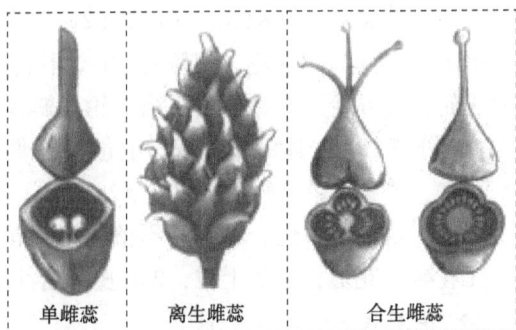

图 3-4　雌蕊的类型(崔爱萍等，2020)

①单雌蕊　一朵花中的雌蕊仅由一个心皮组成，如大豆、桃等的雄蕊。

②离生雌蕊　一朵花中的雌蕊由几个彼此分离的心皮组成，每一心皮成为一个雌蕊，如八角茴香的雌蕊。

③合生雌蕊　一朵花中由 2 个或 2 个以上心皮合生组成一个雌蕊，如棉花、番茄等的雌蕊。

2. 花的类型

　　具有花萼、花冠、雄蕊和雌蕊的花称为完全花；缺少其中一个或几个部分的花，称为不完全花。通过花的中心可作出两个以上对称面的，称为辐射对称花或整齐花，如蔷薇花冠、十字花冠的花；通过花的中心只能作出一个对称面的，称为两侧对称花或不整齐花，如蝶形花冠、舌状花冠的花等；通过花的中心不能作出对称面的，称为不对称花，如美人蕉的花。一朵花中同时具有雌蕊和雄蕊，称为两性花，如油菜、棉花等的花；一朵花中只有雄蕊或雌蕊，称为单性花，如杨、柳、瓜类等的花，其中，只有雄蕊的称为雄花，只有雌蕊的称为雌花；一朵花中雄蕊和雌蕊都没有的，称为无性花或中性花，如向日葵边缘的舌状花等。

3. 花程式与花图式

花各部分的组成、排列位置和相互关系，可以用一个程式或图案表示出来。

（1）花程式

用简单的字母、数字、符号表示花的类型，各部分的组成、排列、位置以及相互关系的式子称为花程式。花程式的有关规则：

字母　K 表示花萼、C 表示花冠、P 表示花被、A 表示雄蕊群、G 表示雌蕊群。

数字　用 1、2、3 等表示花各部的数目，写在相应字母的右下角，若缺少或退化用 0 表示，数目多数或不定数用∞表示。

符号　"+"表示轮数，"（ ）"表示合生，"："表示心皮与子房室及胚珠隔开；"$\underline{G}$"表示子房上位，"$\overline{G}$"表示子房下位，"$\overline{\underline{G}}$"表示子房周位；" * "表示辐射对称花，"↑"表示两侧对称花；"♂"表示雄花，"♀"表示雌花，"☿"表示两性花。

例如，百合：　* 　P3+3 　A3+3 　G(3：3)

表示：百合为整齐花（或辐射对称花），花被 6 片，排成 2 轮，各轮 3 片；雄蕊群 6 枚，2 轮排列，各轮为 3 枚；雌蕊群由 3 心皮组成，合生，子房上位，3 个子房室。

又如，紫藤：☿↑ K(5)　Cl+2+(2)　A(9)+1　$\underline{G}$：1：∞

表示：紫藤为两性花，两侧对称（或不整齐花）；花萼 5 片，合生；花瓣 5 片，分离，排成 3 轮，最外轮 1 瓣为旗瓣，第二轮 2 瓣为翼瓣，最内轮 2 瓣连合；雄蕊 10 个，9 个连合，1 个分离，为二体雄蕊；子房上位，单雌蕊，1 子房室，胚珠多个。

再如，柳树：♂ 　↑K0 　C0 　A2；♀ 　*K0 　C0 　G(2：1：∞)

表示：柳树花单性，雄花为不整齐花，花萼、花冠都无，只有 2 枚雄蕊；雌花为整齐花，无花萼、花冠，子房上位，2 心皮，合生为 1 子房室，胚珠多个。

（2）花图式

用花的横剖面简图来表示花各部分的数目、离合情况，以及在花托上的排列位置，即是花的各部分在垂直于花轴平面上所作的投影图。图中上方的小点表示花轴或花序轴，这是绘制花图式的定位点；最外层的弧线表示苞片，向内的弧线表示花萼；内侧的弧线表示花冠，雄蕊和雌蕊就以它们的实际横切面图表示，可以看到合生或分离、整齐或不整齐等排列情况（图3-5）。

4. 花序

有些植物的花单生于叶腋或枝顶，称为单生花，如牡丹、玉兰的花。多数植物的花

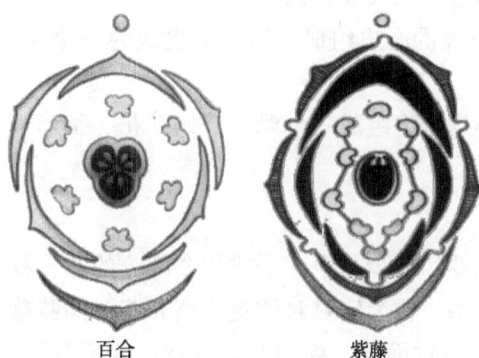

百合　　　　紫藤

图3-5　花图式（崔爱萍等，2020）

着生在一个分枝或不分枝的总花轴上。花在花轴上的排列方式，称为花序。花序分无限花序和有限花序两大类。

（1）无限花序（总状类花序或向心花序）

开花由基部开始，依次向上开放，如果花序轴短缩，花朵密集，则花由边缘向中央依次开放，是一种边开花、边成序的花序。无限花序又分为简单花序和复合花序两类。

①简单花序　花轴不分枝，各小花互生于花轴上或集生于花轴顶端，或生长于短缩膨大的花轴上（或内）。简单花序又可分为下列几种类型（图3-6）。

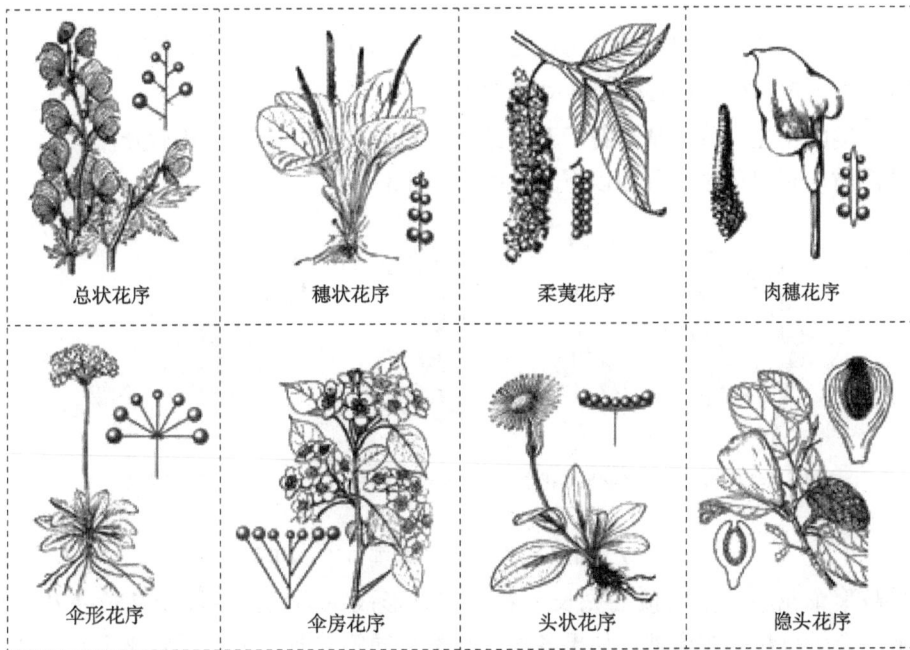

图3-6　简单花序（崔爱萍和邹秀华，2018）

总状花序　花轴不分枝，各小花互生于花轴上，小花的花柄几乎等长，如油菜的花序。

穗状花序　花轴不分枝，其上互生许多无梗或近无梗的两性花，如车前的花序。

柔荑花序　与穗状花序相似，但花为单性花，花序柔韧，下垂或直立，如杨、柳的花序。

肉穗花序　与穗状花序相似，但花轴粗短而肥厚，着生多数单性无柄的小花，如玉米、香蒲的雌花序；有的肉穗花序外还包有一片大型苞片，称为佛焰花序，如马蹄莲的花序。

伞形花序　各花的花梗近等长，聚生于花轴顶端，呈伞状，如韭菜的花序。

伞房花序　花轴上着生许多花梗长短不一的两性花，下部花的花梗长，上部花的花梗短，整个花序的花几乎排成一平面，如梨、苹果的花序。

头状花序　花轴常膨大为球形、半球形或盘状，其上着生无梗花，花序基部常有总苞，也称为篮状花序，如蒲公英、合欢的花序。

隐头花序　花轴膨大，顶端向轴内凹陷成杯状，仅有小口与外面相通，小花着生于凹陷的杯状花轴内，如榕树、无花果的花序。

②复合花序　花轴分枝，每一分枝为一种简单花序。复合花序又可分为下列几种类型。

复总状花序　花轴总状分枝，每一分枝为一总状花序，整个花序近于圆锥形，也称为圆锥花序，如槐、女贞的花序。

复穗状花序　花轴总状分枝，每一分枝为一穗状花序，如小麦、大麦的花序。

复伞形花序　花轴的顶端丛生若干等长的分枝，每一分枝为一伞形花序，如胡萝卜的花序。

复伞房花序　花轴总状分枝，每一分枝为一伞房花序，如花楸的花序。

(2)有限花序(聚伞类花序或离心花序)

花轴顶端的花先开放，基部花后开；或者是中心花先开，侧边花后开。其生长分化属合轴分枝性质。有限花序可分为以下几种类型(图3-7)。

| 螺状聚伞花序 | 蝎尾状聚伞花序 | 二歧聚伞花序 | 多歧聚伞花序 |

图3-7　有限花序(崔爱萍和邹秀华，2018)

①单歧聚伞花序　主轴顶端先长一花，其下形成一侧枝，在枝端又长一花，如此反复，形成一合轴分枝的花序轴。如果各次分枝都从同侧方向长出，最后整个花序成为卷曲状，称为螺状聚伞花序或卷伞花序，如附地菜、勿忘草的花序。如果各次分枝是左右相间长出，整个花序左右对称，称为蝎尾状聚伞花序，如唐菖蒲、委陵菜的花序。

②二歧聚伞花序　顶花先形成，然后在其下方两侧同时发育出一对分枝。各分枝再依次生出顶花和分枝，如此反复分枝。如繁缕、石竹的花序。

③多歧聚伞花序　主轴顶花下分出多个分枝，各分枝再以同样方式分枝，如猫眼草的花序。

5. 雄蕊的发育

(1)花药的发育

幼小的花药由一团具有分裂能力的细胞组成，其最外层发育为表皮；4个角隅的细胞分裂较快，形成4组孢原细胞；中部细胞分裂、分化形成维管束和薄壁细胞，构成药隔。孢原细胞进行平周分裂产生2层细胞，外层为周缘细胞，内层为造孢细胞。周缘细胞经分裂由外向内依次分化形成纤维层、中层和绒毡层；造孢细胞经分裂(或直接长大)形成许多花粉母细胞(也称为小孢子母细胞)，以后花粉母细胞经减数分裂形成许多单核花粉粒。随着花药的发育，绒毡层和中层逐渐解体和被吸收，最终花粉囊的壁仅剩表皮和纤维层(图3-8)。

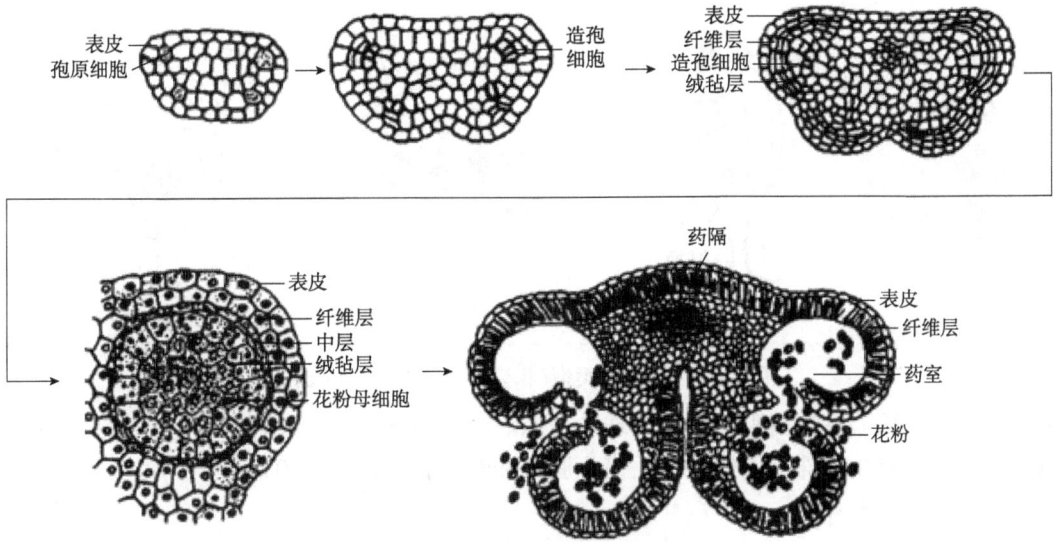

图 3-8　雄蕊的发育(陈忠辉，2007)

（2）花粉粒的发育

单核花粉粒进行一次有丝分裂，形成二核（大的圆球形，为营养核；小的纺锤形，为生殖核），此时的花粉粒为二核花粉粒。生殖核在传粉前或后进行一次有丝分裂，形成两个精细胞，此时的花粉粒称为三核花粉粒（图 3-9）。发育成熟的花粉粒常具有内、外两层壁。外壁较厚而硬，其上有一至多数萌发孔，萌发孔是花粉管萌发伸出的通道；内壁较薄而软，富有弹性。

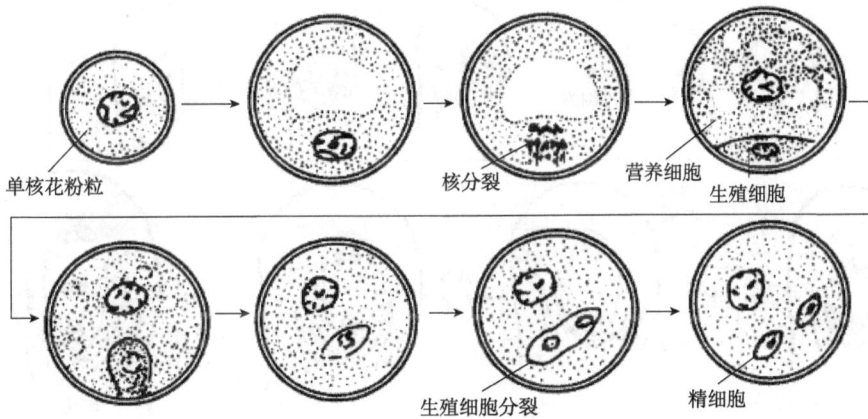

图 3-9　花粉粒的发育(陈忠辉，2007)

6. 雌蕊的发育

（1）胚珠的发育

胚珠由子房内壁上的胚珠原基发育形成，胚珠原基的基部发育为珠柄，前端发育为珠心；由于珠心基部表层细胞分裂较快，产生的细胞逐渐将珠心包围形成珠被，有的植物如油菜、小麦等具有内、外两层珠被，有的植物如向日葵、核桃等仅具一层珠被；当珠被包

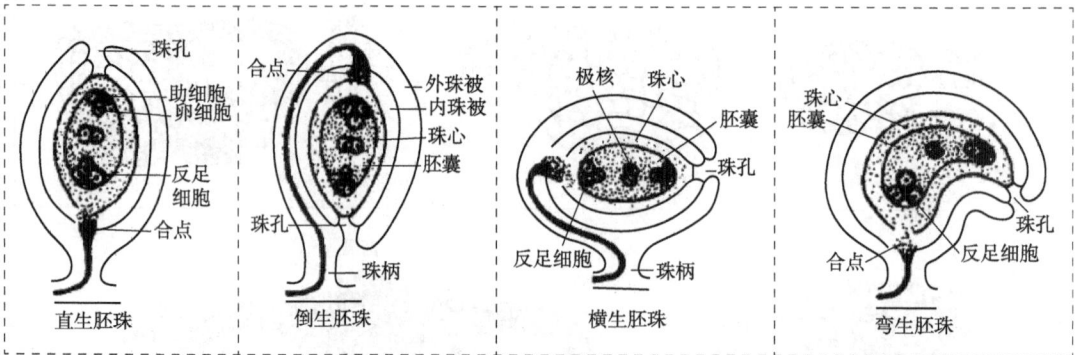

图 3-10　胚珠的类型(崔爱萍和邹秀华，2018)

围珠心时，在珠心一端留下的小孔为珠孔；珠心基部与珠被连合处称为合点。常见的胚珠有 4 种类型：直生胚珠、倒生胚珠、横生胚珠和弯生胚珠(图 3-10)。

（2）胚囊的发育

在胚珠发育的同时，珠心内产生胚囊。在靠近珠孔端的珠心中，有一个迅速增大的细胞，细胞核大、细胞质浓，为孢原细胞。孢原细胞经过发育形成胚囊母细胞(大孢子母细胞)，胚囊母细胞经减数分裂形成纵列的四分体，其中近珠孔的 3 个退化消失，一般只有靠近合点的一个经发育、分化形成单核胚囊。单核胚囊的核进行一次有丝分裂形成两个核，两个核分别向胚囊两端移动；以后每个核又分别进行两次分裂，形成八核胚囊；每端的 4 个核中，各有一核移向胚囊中部，称为极核；有的极核可与周围的细胞质一起组成胚囊中最大的细胞，即中央细胞；近珠孔端的 3 个核，分化为一个卵细胞和两个助细胞；近合点端的三个核分化为反足细胞。最后，发育成具有 8 个核或 7 个细胞的成熟胚囊(图 3-11)。

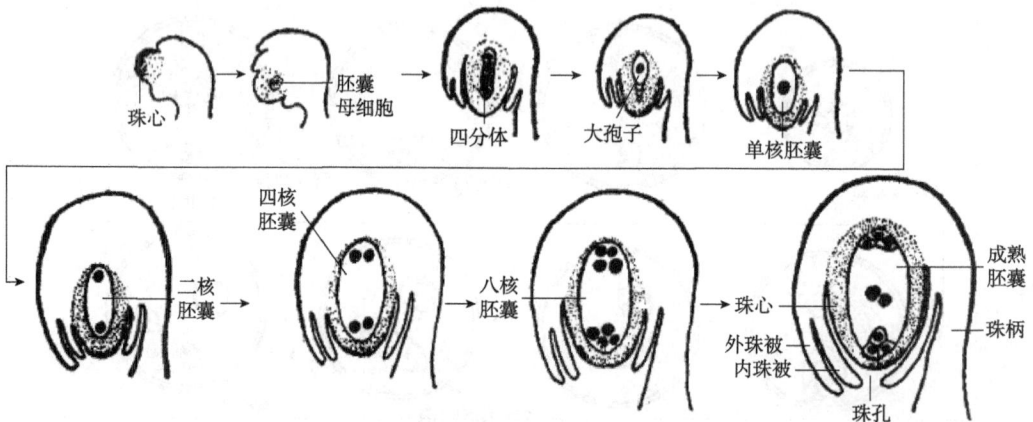

图 3-11　胚囊的发育(崔爱萍和邹秀华，2018)

7. 开花与传粉

（1）开花

当花粉粒和胚囊(或二者之一)发育成熟时，花萼和花冠展开，露出雌蕊和雄蕊，这种现象称为开花。

一年生植物当年开花、结果后即死亡。二年生植物第二年才开花、结果，后即死亡。多年生植物要到一定年龄才开花，如桃的实生苗要 3~5 年才开花，椴树要 20~25 年才开花，以后每年均可开花。少数的多年生植物如毛竹，只开一次花，开花后即死亡。

花期的长短因植物种类不同而异，如樱花、梨花的花期只有数天，而月季的花期可维持数月。花期的长短不仅与植物的遗传特性有关，还与肥料、温度、湿度等外界条件的影响有关。不同植物花的寿命也不同，寿命最短的是昙花，开花仅 1~2h 即凋谢；菊花、蜡梅的花寿命较长；热带的兰科植物，每朵花可开放 1~2 个月。掌握植物的开花特征，在植物栽培与杂交育种工作中显得特别重要。

（2）传粉

开花以后，成熟的花粉粒通过各种媒介传到雌蕊柱头上，这一过程称为传粉。传粉是植物有性生殖不可缺少的环节。

①传粉的方式　植物传粉有自花传粉和异花传粉两种方式。

成熟的花粉粒落到同一朵花的雌蕊柱头上，称为自花传粉。在生产上，自花传粉的范畴相对要广泛些，在农作物中，包括同株异花间的传粉；在果树栽培上，则包括同品种异株间的传粉。自花传粉会引起闭花受精，长期的自花传粉会引起种质逐渐衰退。

一朵花的花粉粒传到另一朵花的柱头上，称为异花传粉。在农作物栽培中，异花传粉包括不同植株间的传粉；在果树栽培上，异花传粉包括不同品种间的传粉。异花传粉能产生生活力较强的后代。在植物的进化过程中，异花传粉已成为大多数植物的生物学特征，如单性花植物、雌雄异株植物、雌雄异熟植物等都是适应异花传粉而逐渐形成的。

②异花传粉的媒介　主要是风和昆虫。借助风力传粉的植物称为风媒植物，风媒植物的花称为风媒花。风媒花一般花被较小或根本不存在，无鲜艳的颜色，无香气，无蜜腺，花丝细长；花粉小、轻、多，外壁光滑；有的具有羽状柱头和下垂的花丝，或具有柔软下垂的花序。如裸子植物，以及被子植物中的禾本科植物、莎草科植物、栎、杨、桦等。

借助昆虫传粉的植物称为虫媒植物，虫媒植物的花称为虫媒花。虫媒花的花被通常具有鲜艳的色彩，花大，香气浓，具蜜腺或花盘；花粉粒大、重，外壁粗糙，或结合成花粉块。如泡桐、茶等的花。传粉的昆虫主要有蜂类、蝶类、蚁类、蛾类、蝇类等。

在自然界中，有的植物借助水传送花粉，如水生植物中的金鱼藻；还有的植物借助鸟类进行传粉；在植物栽培及育种工作中，常用人工授粉的方法进行传粉，如雪松的雌、雄花不同时成熟，可以采用人工授粉的方法以达到结实的目的。

8. 双受精作用

传粉后，花粉粒落到雌蕊的柱头上，生理上相适应的花粉粒在柱头黏液的影响下开始萌发长出花粉管。花粉管不断生长，经花柱进子房最后进入成熟胚囊。花粉管进入胚囊后，释放出两个精细胞和一个营养核。两个精细胞分别与卵细胞和 2 个极核（或 1 个中央细胞）融合，形成二倍体的合子和三倍体的初生胚乳核，这种两个精子分别与卵细胞和极核相融合的现象称为双受精作用（图3-12）。

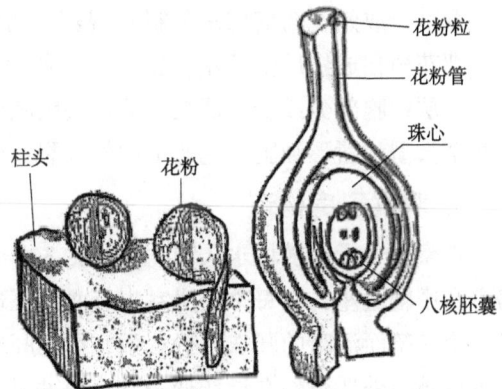

图 3-12　被子植物的双受精作用（殷嘉俭，2017）

双受精具有重要的生物学意义：双受精是被子植物共有的特征，是植物系统进化与高度发展的一个重要标志。精细胞与卵细胞融合形成合子，使其后代保持了物种遗传的相对稳定性；精细胞与极核(或中央细胞)融合，形成三倍体的初生胚乳核，生理上更活跃，为胚的发育提供更适宜的营养，使子代的适应性、生活力更强。由于减数分裂过程中同源染色体联会或染色体片段互换，在此基础上分裂产生的精、卵细胞的遗传物质已出现新的变异，使物种的适应性增强。

任务实施

1. 观察花形态与类型

取桃、苹果、刺槐、泡桐、向日葵、牵牛、石竹、油菜等植物带花的枝条(也可用事先浸渍的花)，认真观察，完成表3-1。

表3-1　花的形态识别

编号	植物名称	花的类型	花萼类型	花冠类型	雄蕊类型	雌蕊类型	花序类型
1							
2							
3							
…							

2. 观察花药构造

取百合未成熟花药横切永久制片，在低倍镜下观察。可见花药呈蝶状，其中有4个花粉囊，分左、右对称两部分，中间有药隔相连，在药隔内有一维管束。选一花粉囊换高倍镜观察，由外至内可见：最外一层薄壁细胞为表皮，表皮以内有一层较大的细胞为药室内壁，药室内壁以内由2~3层较扁平细胞组成中层，中层以内的一层细胞体积较大、细胞质浓、细胞核多，为绒毡层。绒毡层以内可以看到许多花粉母细胞，有的已进行减数分裂成为四分体。

取百合成熟花药横切永久制片观察，可看到每侧花粉囊的药隔膜已经消失，形成大室，即花药在成熟后仅具左、右两室。药室内壁细胞的细胞壁出现明显的加厚，为纤维层；中层细胞部分或全部消失，绒毡层细胞全部消失。在花药两侧之中央，由表皮细胞形成几个大型的唇形细胞，花药由此处开裂，散出许多花粉粒。

3. 观察子房构造

观察百合子房横切永久制片，可见3个心皮，每一心皮的边缘向中央合拢形成3个子房室和中轴胎座，在每个子房室中有两个胚珠，它们背靠背着生在中轴上。移动切片，选择一个完整而清晰的胚珠进行观察，可见胚珠倒生。每一胚珠外层染色较浓的是珠被，包括内珠被与外珠被；在近珠柄一端有一小孔，即珠孔；珠被以内是珠心，珠心内有胚囊，胚囊内可见到1个、2个、4个或8个核。

任务考核

植物花的识别考核参考标准

考核项目	考核内容	考核标准	考核方法	赋分(分)
基本素质	学习态度	态度认真，学习主动，全勤	单人考核	5
	团队协作	服从安排，与小组成员配合好	单人考核	5
任务实施	观察花形态	准确识别整齐花、不整齐花，准确辨认花序的类型	单人考核	25
	观察花药构造	显微镜操作规范，区别未成熟与成熟花药，特点描述正确	单人考核	15
	观察子房构造	显微镜操作规范，胚珠构造类型描述正确	单人考核	15
	绘图	绘出并注明上述内容的结构图，要求图示准确、内容完整	单人考核	10
职业素质	方法能力	独立分析和解决问题的能力强，表达准确	单人考核	5
	工作过程	工作过程规范、认真	单人考核	20
合　计				100

知识拓展

1. 禾本科植物的花

禾本科植物是被子植物中的单子叶植物，花的形态和结构比较特殊，如小麦、水稻的花，花的最外面有外稃及内稃各一枚，外稃中脉明显，常延长成芒，稃片的内侧部有 2 枚浆片，里面有 3 枚或 6 枚雄蕊，中间是一枚雌蕊。通常认为外稃是花基部的苞片，内稃和鳞片是退化的花被。开花时，鳞片吸水膨胀，撑开内、外稃，使花药和柱头露出，以利于风力传播。

禾本科植物常是一至数朵小花共同着生在小穗轴上，组成小穗，每个小穗基部有一对颖片(护颖)，颖片相当于花序外面的总苞片，下面的一片称为外颖，上面的一片称为内颖，许多小穗再集中排列为复穗状花序。

2. 无融合生殖与多胚现象

被子植物正常的有性生殖是经过精细胞和卵细胞的融合发育成胚，但在有些植物中，不经过精、卵融合，也能直接发育成胚，这种现象称为无融合生殖。无融合生殖可以是卵细胞不经过受精直接发育成胚，称为孤雌生殖，如蒲公英、小麦等；或者是由助细胞、反足细胞或极核等非生殖细胞发育成胚，称为无配子生殖，如葱、含羞草等；也有的是由珠心或珠被细胞直接发育成胚的，称为无孢子生殖，如柑橘属。

一般被子植物的胚珠中只产生一个胚囊，胚囊中仅含有一个卵细胞，所形成的种子中也只有一个胚。但有的植物种子中有一个以上的胚，称为多胚现象。产生多胚的原因很多，可能是胚珠中产生多个胚囊，如桃、李；或是由合子胚分裂而成，如郁金香；或由珠心、助细胞、反足细胞等产生不定胚，如柑橘属、杧果属、仙人掌属等。

思考与练习

1. 比较单性花与两性花、整齐花与不整齐花。
2. 结合实例比较完全花与不完全花。

任务3-2 识别果实

任务目标

认知果实的形态特征，熟悉果实的发育过程。能准确识别各种类型的果实，进一步理解植物在人类生产和生活中的重要性。

任务准备

学生每2~3人一组，每组准备以下材料和用具：葡萄（或番茄）、桃（或杏）、苹果（或梨）、黄瓜（或南瓜）、柑橘（或柠檬）、大豆（或花生）、油菜、棉花、向日葵、小麦（或玉米）、榆树（或臭椿）、板栗（或榛）、草莓、八角（或木兰）、桑椹、无花果等植物的果实（新鲜的、浸渍或干果标本）；解剖镜、小块绒布、放大镜、解剖针、镊子、培养皿。

基础知识

1. 果实的形成

一般地，被子植物受精后，子房或子房和与之相连的部分迅速生长，逐渐发育成果实。但有的植物在自然状况或人为控制的条件下，不经过受精，子房也能发育为果实，称为单性结实。单性结实的果实里面不含种子，称为无籽果实，如凤梨、葡萄、柑橘、香蕉等都有单性结实现象。

单性结实必然产生无籽果实，但并非所有的无籽果实都是单性结实的产物。有些植物开花、传粉和受精以后，胚珠在发育为种子的过程中受到阻碍，也可以形成无籽果实。生产上应用植物生长调节剂也可以诱导单性结实。如用30~100mg/L的吲哚乙酸和2,4-D等的水溶液，喷洒番茄、西瓜、辣椒等临近开花的花蕾，或用10mg/L的萘乙酸喷洒葡萄花序，都能得到无籽果实。

2. 果实的构造

果实包括由胚珠发育形成的种子和由子房壁发育形成的果皮。单纯由子房发育形成的果实称为真果，如桃、小麦等的果实。有些植物的果实，除子房外，还有花的其他部分如花托、花序轴等参与果实的形成，这类果实称为假果，如瓜类、苹果、梨等的果实(图 3-13)。

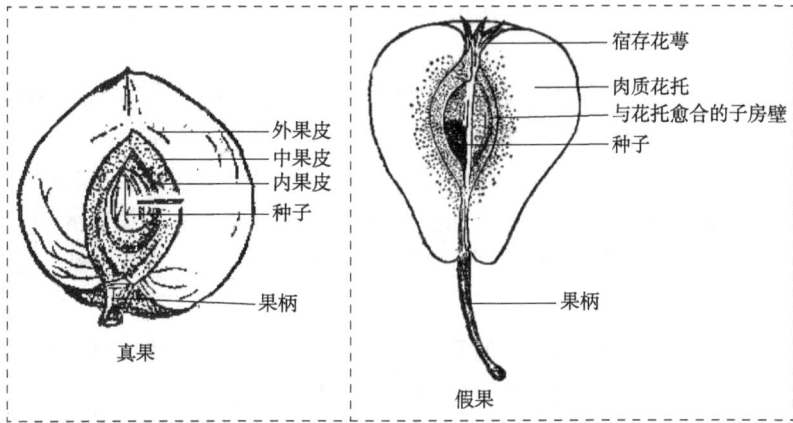

图 3-13　真果与假果(殷嘉俭, 2017)

3. 果实的类型

根据来源、结构和果皮性质的不同，果实可分为三大类：单果、聚合果和聚花果。

(1)单果

由一朵花中的单雌蕊或复雌蕊发育形成的果实称为单果。根据果皮的性质与结构，单果分为肉质果与干果两大类。

①肉质果　成熟后，果皮肉质多汁的果实。又可分为下列几种(图 3-14)：

浆果　通常由复雌蕊发育形成，外果皮膜质，中果皮和内果皮均肉质多汁，内含多粒

图 3-14　肉质果的类型(陈忠辉, 2007)

种子。如葡萄、番茄、柿、辣椒的果实。

柑果　由复雌蕊发育而来，外果皮革质，含有油腔，中果皮疏松，分布有维管束，内果皮膜质，分为若干囊瓣，囊瓣内伸出的肉质多浆的表皮毛为食用部分，每瓣内有多粒种子。如柑橘、柚、柠檬、橙的果实。

核果　由一至多心皮的雌蕊发育而来，常有一粒种子。果皮明显分为3层，外果皮膜质，中果皮肉质多汁，内果皮木质化、坚硬。如桃、杏、李、樱桃的果实。

梨果　由复雌蕊的下位子房和花筒共同发育而成的假果。在形成果实时，果的外层是花托发育而成，果内大部分由花筒发育而成，子房发育的部分位于果实的中央。由花筒发育的部分和外果皮、中果皮为肉质，内果皮纸质或革质。如苹果、梨、枇杷、山楂的果实。

瓠果　由合生雌蕊下位子房形成的假果。花托和外果皮结合成坚硬的外果皮，中果皮和内果皮肉质；胎座发达，也肉质化。如南瓜、冬瓜、西瓜的果实。

②干果　成熟后，果皮干燥的果实。根据成熟时果皮是否开裂，可分为裂果和闭果两类。

A. 裂果　果皮成熟后开裂，散出种子。又分为以下几种(图3-15)：

荚果（豌豆）　　蓇葖果（花生）　　膏葖果（飞燕草）　　长角果（油菜）

轴裂蒴果（曼陀罗）　　短角果（荠菜）

图3-15　裂果的类型(崔爱萍等，2020)

荚果　由单心皮发育形成，子房一室，成熟时沿腹缝线和背缝线同时开裂，如大豆、蚕豆、豌豆等的果实。也有不开裂的，如豌豆、花生、皂荚的果实。

膏葖果　由单心皮或离生心皮发育形成，成熟时沿腹缝线或背缝线一面开裂，如花椒、芍药、八角、梧桐、玉兰的小果。

角果　由两心皮合生的雌蕊发育形成，子房一室，后由两心皮边缘合生处向中央生出假隔膜而分隔成假二室，果实成熟时沿两条腹缝线开裂，假隔膜留在中间。其中细长的角果称为长角果，如萝卜、油菜等的果实；很短的角果称为短角果，如荠菜、独行菜的果实。

蒴果　由复雌蕊发育形成，子房一室或多室，每室多粒种子。果实成熟时有多种开裂方式，如轴裂(曼陀罗)、背裂(百合、棉花)、腹裂(烟草、牵牛)、孔裂(桔梗)、齿裂(石竹、王不留行)和周裂(马齿苋、车前)。

B. 闭果　果实成熟后果皮不开裂。又分为下列几种(图 3-16)。

瘦果　由 1~3 心皮组成，果皮坚硬，含 1 粒种子，果皮与种皮分离，如向日葵的果实。

坚果　果皮木质化而坚硬，含 1 粒种子，如榛、板栗的果实。

颖果　由 2~3 心皮组成，每室含 1 粒种子，果皮与种皮紧密愈合不易分离，如小麦的果实。

翅果　果皮向外延伸成翅，如榆树、槭树、枫杨的果实。

分果　由 2 个或 2 个以上心皮组成，每室含 1 粒种子，成熟时，各心皮沿中轴分开，但种子仍包于心皮内，果皮干燥，如芹菜、胡萝卜的果实。

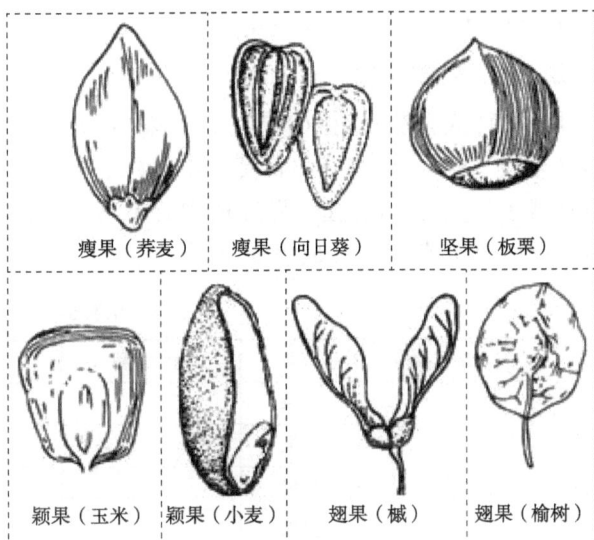

图 3-16　闭果的类型(崔爱萍等，2020)

胞果　由合生雌蕊形成的果实，具种子一枚，成熟时果皮干燥而不开裂，果皮薄而疏松地包围种子，极易与种子分离，如藜、地肤的果实。

(2) 聚合果

由一朵花中的多数离生单雌蕊形成的多个小果聚生在花托上，称为聚合果。根据小果本身的性质不同又分为聚合瘦果(草莓、白头翁)、聚合核果(悬钩子)、聚合蓇葖果(八角、芍药)、聚合坚果(莲)。

(3) 聚花果

由整个花序发育成的果实称为聚花果，又称为复果，如菠萝、桑椹、无花果的果实。

任务实施

1. 识别真果与假果

(1) 真果

取桃(或杏)的果实，将其纵剖，最外一层膜质部分为外果皮，其内肉质肥厚部分为中果皮，是食用部分，中果皮里面是坚硬的果核，果核的硬壳即为内果皮，这 3 层果皮都由子房壁发育而来。剖开内果皮，可见一粒种子，种子外面被有一层膜质的种皮。

（2）假果

取苹果（或梨）的果实，观察果柄相反的一端有宿存的花萼。用刀片将果实横剖，可见横剖面中央有 5 个心皮，心皮内含有种子。心皮的壁部（即子房壁）分为 3 层：内果皮由木质的厚壁细胞组成，纸质或革质，比较明显；中果皮和外果皮之间界限不明显，均肉质化。近子房外缘为很厚的肉质花筒部分，是食用部分。

2. 识别果实类型

取葡萄（或番茄）、桃（或杏）、苹果（或梨）、黄瓜（或南瓜）、柑橘（或柠檬）、大豆（或花生）、油菜、棉花、向日葵、小麦（或玉米）、榆树（或臭椿）、板栗（或榛）、草莓、八角（或木兰）、桑椹、无花果等植物的果实（新鲜的、浸渍或干果标本），认真解剖与观察，分析它们的特征，完成表 3-2。

表 3-2　果实类型的识别

果实类型			植物名称	主要特征	食用部分
单果	肉质果	浆果			
		柑果			
		核果			
		梨果			
		瓠果			
	干果	裂果	荚果		
			蓇葖果		
			角果		
			蒴果		
		闭果	瘦果		
			坚果		
			颖果		
			翅果		
			分果		
聚合果					
聚花果					

任务考核

植物果实的识别考核参考标准

考核项目	考核内容	考核标准	考核方法	赋分（分）
基本素质	学习态度	态度认真，学习主动，全勤	单人考核	5
	团队协作	服从安排，与小组成员配合好	单人考核	5

（续）

考核项目	考核内容	考核标准	考核方法	赋分(分)
任务实施	观察果实结构	准确识别真果与假果，准确辨认果皮的特征	小组考核	20
	识别果实类型	准确识别各种单果、聚合果与聚花果，对特点的描述正确	小组考核	30
	绘图	绘出各种果实形态特征图，图示准确，内容完整	单人考核	15
职业素质	方法能力	独立分析和解决问题的能力强，表达准确	单人考核	5
	工作过程	工作过程规范、认真	单人考核	20
合　计				100

知识拓展

植物的繁殖

任何植物的生命周期都涉及两个互为依存的方面：一是维持其本身一代的生存；二是保持种族的延续。当植物生长发育到一定阶段，就必然会通过一定的方式产生新的个体，这就是植物的繁殖。植物的繁殖方式主要有以下几种。

裂殖与芽殖　通过个体的一部分繁殖后代的方式，通常是低等植物的繁殖方式。

营养繁殖　植物通过自身营养体的一部分形成新个体的方式。分为自然营养繁殖和人工营养繁殖，自然营养繁殖多借助于块根、块茎、球茎、鳞茎等变态器官进行繁殖；人工营养繁殖可以分为扦插、嫁接、压条、分株等几种方式。

孢子繁殖　是通过孢子繁殖后代的方式。由母体生成孢子囊，在孢子囊内产生许多孢子。孢子成熟时，孢子散出，遇到适当条件就萌发成新个体。

有性生殖　通过雌、雄两性细胞(配子)结合成合子来产生后代的方式。通过有性生殖，子代新个体集合亲代的优点，并得到新的变异，有助于更好地适应环境。因此，有性生殖是植物繁殖和进化的一种重要形式。

思考与练习

1. 绘图表示由花发育为果实的过程。
2. 如何区别单果、聚合果和聚花果？

任务3-3　识别种子

任务目标

认知种子的形态特征，熟悉种子的结构，能准确识别各种类型的种子。

任务准备

学生每2~3人一组，每组准备以下材料和用具：黄豆(或蚕豆)、蓖麻、玉米、华山松等植物的种子两份，一份未浸泡，另一份已浸泡处于萌发状态；解剖镜、小块绒布、放大镜、解剖针、镊子、培养皿。

基础知识

1. 种子的形态

种子的形状、大小、颜色因植物种类不同而异。椰子的种子很大，直径约15cm；兰花、桉树的种子较小；蚕豆、菜豆的种子为肾脏形，而豌豆、龙眼的种子为圆球状；油茶种子粗糙，而皂荚种子光滑；卫矛种子有肉质种皮，而美人蕉、鹤望兰、荷花的种皮较厚且坚硬。种子颜色以褐色和黑色较多，但也有其他颜色，如豆类种子就有黑、红、绿、黄、白等色。

2. 种子的构造

种子的构造基本一致，由种皮、胚和胚乳(有或无)组成(图3-17)。

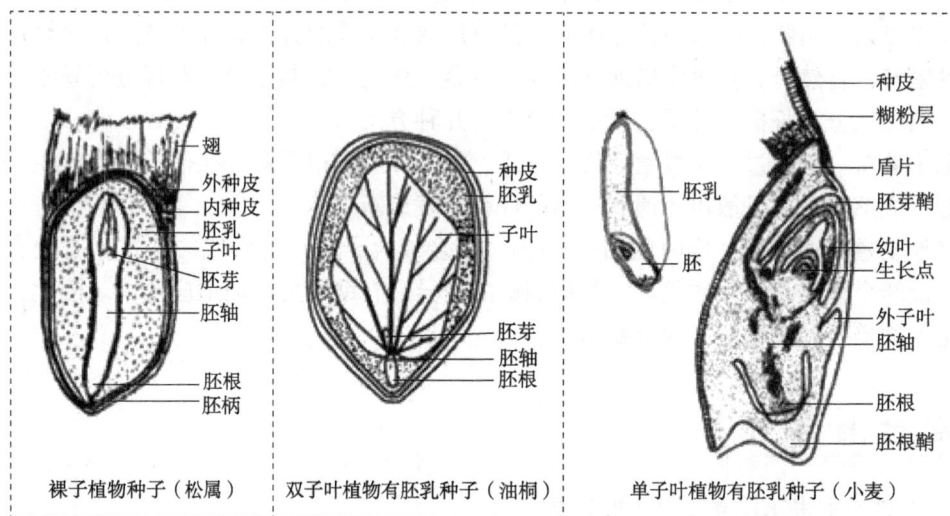

裸子植物种子（松属）　　双子叶植物有胚乳种子（油桐）　　单子叶植物有胚乳种子（小麦）

图3-17　种子的构造(崔爱萍等，2020)

（1）种皮

位于种子外面，具有保护作用。成熟的种子在种皮上通常可见种脐和种孔。种脐是种子从种柄上脱落后留下的痕迹，在豆类种子中最明显。种孔由珠孔发育而成，常位于种脐一端，是种子萌发时吸收水分和胚根伸出的部位。有些种子在种皮上还可见种脊、种阜等。

(2)胚

胚是种子中最重要的部分,一般由胚芽、胚根、胚轴和子叶 4 个部分组成。其中的子叶数目常作为植物分类依据之一。在被子植物中,仅有一片子叶的植物称为单子叶植物,具有两片子叶的植物称为双子叶植物。裸子植物的子叶数目不固定。

(3)胚乳(有或无)

位于种皮和胚之间,是贮藏营养物质的组织。有些种子在形成过程中,胚乳的营养物质全部转移到子叶中,种子成熟时,看不到胚乳,而有肥厚的子叶,成为无胚乳种子。有些种子虽无胚乳,但在成熟种子中,还残留一层类似胚乳的营养组织,称为外胚乳。胚乳或子叶贮藏的营养物质因植物种类而异,主要有糖类、脂肪和蛋白质,以及少量无机盐和维生素等。

3. 种子的类型

根据种子成熟时胚乳的有无,分为有胚乳种子和无胚乳种子两种类型。

(1)有胚乳种子

这类种子由种皮、胚及胚乳 3 个部分组成,它的胚乳占据种子大部分位置,胚相对较小,子叶薄。所有裸子植物、大多数单子叶植物以及许多双子叶植物的种子属于这种类型。

(2)无胚乳种子

部分双子叶植物如豆类、核桃、刺槐及柑橘类等以及部分单子叶植物如慈姑等的种子都缺乏胚乳,属无胚乳种子。

无胚乳种子只有种皮和胚两部分,在胚发育过程中胚乳的养分被吸收并转移到子叶中,故无胚乳或残留一薄层,形成较肥厚的子叶。如豆类种子,剥开种皮可见两片肉质肥厚的子叶,着生于胚轴上(图 3-18)。

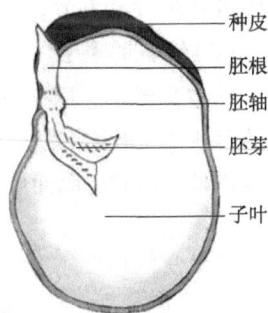

图 3-18 无胚乳种子
(崔爱萍和邹秀华,2018)

4. 种子与果实的传播

植物在长期的进化过程中,成熟的种子与果实往往形成了适应不同传播媒介的形态特征,以利于种子与果实的散布,从而扩大生存范围,使种群得以繁衍。

(1)借助风力传播

借助风力传播的种子与果实一般小而轻,并具有翅或毛等附属物,如菊科植物蒲公英、小蓬草、莴苣等的果实大多具冠毛,杨、柳种子外面具茸毛,榆树、槭树果实具翅等。

(2)借助水力传播

水生植物和沼泽植物的果实和种子,多形成有利于漂浮的结构,以便借水力传播,如莲蓬、椰子等。

(3)借助人类和动物的活动传播

此类植物的果实生有钩、刺或黏毛,可黏附于人类衣物或动物的皮毛上被携带而传播,如苍耳、鬼针草的果实有钩刺。有些植物的果实和种子成熟后被鸟兽吞食,而果皮或种皮坚硬，动物吞食后不被消化，排出体外，达到传播的作用，如番茄的种子和稗草的果实等。

（4）借助果实弹力传播

有些植物的果实成熟干燥时收缩发生爆裂而将种子弹出，如大豆、绿豆的炸荚。牻牛儿苗的果皮外卷，凤仙花的果皮内卷，通过果皮卷曲弹散其种子。

5. 种子的萌发与幼苗的类型

（1）种子的萌发

具有萌发力的种子，在适宜的条件下，胚由休眠状态转为活动状态，开始萌发生长，形成幼苗，这一过程称为种子萌发。

充足的水分可以使种皮软化，增加透水性和透气性；有助于胚细胞代谢活动的加强；有利于种子内贮藏的复杂有机物的分解等。适宜的温度影响呼吸作用、酶的活性、水分的吸收、气体交换等，大多数植物种子萌发的最适宜温度为 25～30℃。此外，种子吸水膨胀，呼吸作用加强，需要吸收大量氧气，从而为种子萌发提供所需的能量。

种子萌发时，首先吸水膨胀，胚细胞迅速分裂生长，最后逐渐形成一株幼小的植株——幼苗。多数种子萌发过程中根发育较早，可以使早期幼苗固定于土壤中，及时从土壤中汲取水分和养分，使幼小的植株能很快地独立生长。

（2）幼苗的类型

幼苗在形态上具有一般成长植株所具有的 3 种营养器官——根、茎、叶。子叶与胚芽长出的第一片真叶之间的部分为上胚轴；子叶与初生根之间的部分为下胚轴。胚轴的生长情况随植物种类而异，因而形成不同的幼苗出土情况，据此可将幼苗分为两种类型（图3-19）。

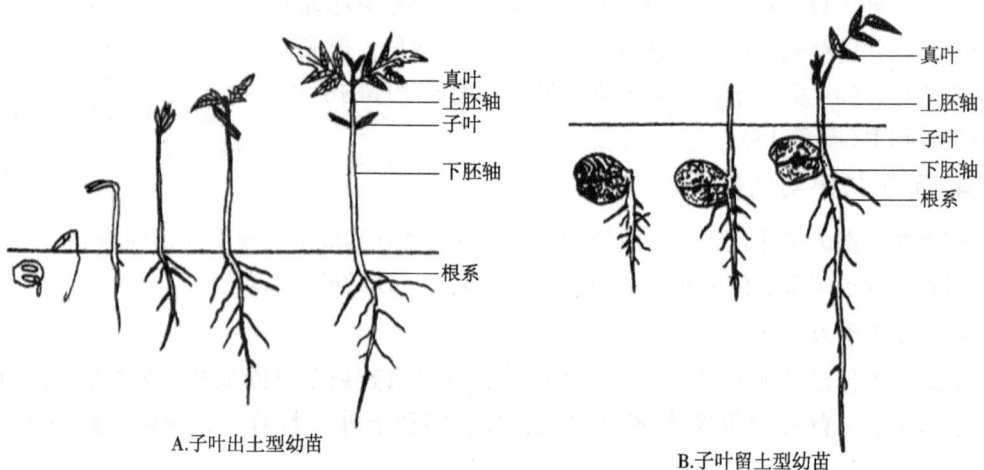

A.子叶出土型幼苗　　B.子叶留土型幼苗

图3-19　幼苗的类型（崔爱萍等，2020）

子叶出土型幼苗　种子萌发时，下胚轴迅速伸长，将子叶、上胚轴和胚芽推出土面。大多数裸子植物、双子叶植物如油松、侧柏、刺槐等的幼苗均为该种类型。

子叶留土型幼苗　种子萌发时，下胚轴不伸长，只是上胚轴和胚芽迅速向上生长形成幼苗的主茎。大部分单子叶植物、部分双子叶植物如毛竹、棕榈、蒲葵、核桃、油茶、橡胶树等的幼苗属于该种类型。

此外，有些植物(如花生)种子的萌发，兼有子叶出土和子叶留土的特点。其上胚轴和胚芽生长较快，同时下胚轴也相应生长。因此，播种较深时不见子叶出土，播种较浅时则可见子叶露出土面。

子叶出土与子叶留土，是植物体对外界环境的不同适应性。这一特性为播种深浅的栽培措施提供了依据，一般子叶出土的植物覆土宜浅，子叶留土的则可覆土稍深。

任务实施

1. 识别种子形态

取黄豆(或蚕豆)、蓖麻、玉米、华山松等植物的种子，认真观察，分析它们的特征，完成表 3-3。

表 3-3　种子的识别

编号	植物名称	种子形状	种子大小	种子色泽	种子结构	种子类型	其他
1							
2							
3							
...							

2. 观察双子叶植物无胚乳种子

观察黄豆种子，外面的革质部分是种皮，在种皮上凹侧有一斑痕为种脐，种脐一端有种孔。剥去种皮，里面的部分为胚，掰开相对扣合的两片肥厚子叶，子叶间有胚芽，在胚芽下面的一段为胚轴，胚轴下端为胚根。

3. 观察双子叶植物有胚乳种子

观察蓖麻种子，种皮呈硬壳状，光滑并具斑纹；种子的一端有海绵状突起，为种阜；种子腹部中央有一条隆起条纹，为种脊。剥去种皮，内部白色肥厚的部分为胚乳；用刀片平行于胚乳宽面纵切，可见两片大而薄的片状物，上有明显的纹理，即为子叶，两片子叶基部与胚轴相连；胚轴很短，上方为很小的胚芽，夹在两片子叶之间；胚轴下方为胚根。

4. 观察单子叶植物有胚乳种子

观察玉米籽粒(颖果)，用刀片从垂直玉米籽粒的宽面正中纵切，可见种皮以内大部分是胚乳；在剖面基部呈乳白色的部分是胚；胚紧贴胚乳处，有一形如盾状的子叶(盾片)。

5. 观察裸子植物有胚乳种子

观察华山松种子，外种皮较厚而硬，内种皮较薄而软。种皮内有白色的胚乳，其中包藏着一个细长、呈白色的棒状体，即胚。胚根位于种子尖细的一端，胚轴上端着生多片子叶，子叶中间包着细小的胚芽。

任务考核

植物种子的识别考核参考标准

考核项目	考核内容	考核标准	考核方法	赋分(分)
基本素质	学习态度	态度认真，学习主动，全勤	单人考核	5
	团队协作	服从安排，与小组成员配合好	单人考核	5
任务实施	种子形态的观察	准确识别种子，准确辨认种脐、种脊等附属物	小组考核	20
	种子类型的识别	准确识别有胚乳种子与无胚乳种子，对特点的描述正确	单人考核	30
	绘图	绘出双子叶植物、单子叶植物和裸子植物的种子结构图，图示准确，内容完整	单人考核	15
职业素质	方法能力	独立分析和解决问题的能力强，表达准确	单人考核	5
	工作过程	工作过程规范，认真	单人考核	20
合　计				100

知识拓展

1. 种子的休眠

种子成熟后，一般有适宜的外界条件便可萌发形成幼苗。但有些植物的种子，即使给予适宜的条件仍不能萌发，必须经过一段时间或一定处理后才能萌发，种子的这种特性称为休眠。种子休眠的原因较多，有些植物的种子在离开母体时，外形上看似成熟，但内部尚未发育完全或者胚生理上仍未完全成熟，需要经过休眠期的某些变化才能成熟，这种现象称为后熟；有些植物的种子是由于自身过厚不易透气而限制萌发；有些植物的种子是由于自身或果皮产生抑制萌发的物质(有机酸、植物碱或某些激素等)而限制萌发。

2. 种子的寿命

种子在自然条件下从完全成熟到丧失生活力所经过的时间，称为种子的寿命。种子寿命的长短因植物种类不同相差很大。如莲的种子寿命较长，可以达到150年以上，有些豆科植物的种子寿命可以达几十年，柳树种子的寿命约为3周，橡胶树种子的寿命约为1周。种子寿命的长短除决定于植物的遗传性外，也受贮藏条件的影响。

思考与练习

1. 裸子植物种子中的胚有何特征？
2. 说出10种形态不同的植物种子。

项目 4　认知植物分类与识别植物

生存在地球上的植物种类繁多、分布广泛。为了认识和合理开发植物资源，使之更好地为人类服务，就要用科学的方法对植物进行比较和分类鉴定，建立分类系统，掌握植物类群间的演化及发展规律。

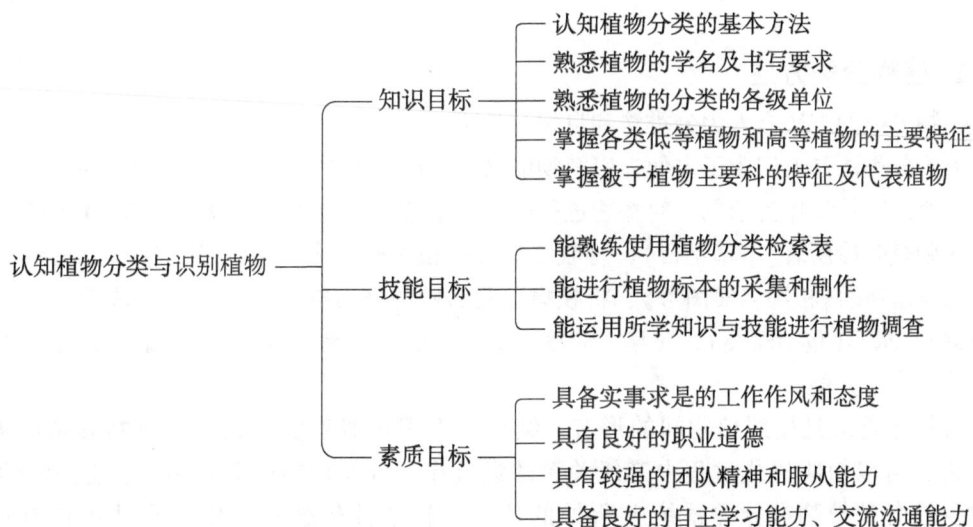

认知植物分类与识别植物
- 知识目标
  - 认知植物分类的基本方法
  - 熟悉植物的学名及书写要求
  - 熟悉植物的分类的各级单位
  - 掌握各类低等植物和高等植物的主要特征
  - 掌握被子植物主要科的特征及代表植物
- 技能目标
  - 能熟练使用植物分类检索表
  - 能进行植物标本的采集和制作
  - 能运用所学知识与技能进行植物调查
- 素质目标
  - 具备实事求是的工作作风和态度
  - 具有良好的职业道德
  - 具有较强的团队精神和服从能力
  - 具备良好的自主学习能力、交流沟通能力

任务4-1 认知植物分类

任务目标

认知植物分类的基本方法，熟悉植物分类的各级单位，熟悉植物的学名及书写要求。学会使用植物分类检索表检索植物的科、属、种。

任务准备

学生每2~3人一组，每组准备以下材料和用具：4~8种植物的营养体和花果标本，如油松、侧柏、太平花、毛白杨、牛皮消、田旋花、蒲公英、荠菜等；植物分类检索表。

基础知识

1. 植物分类方法

植物分类的方法有人为分类法和自然分类法。

人为分类法是人们为了方便，以植物的某一个或几个生物学特征，或以植物的生态学特性、经济特性等作为依据，对植物进行分类，不考虑植物间的亲缘关系和演化顺序。例如，明朝李时珍所著《本草纲目》，将收集记载的植物分为木、果、草、谷、菜5部30类等。吴其濬所著《植物名实图考》，将收集记载的植物分为谷、蔬、山草、隰草、石草(包括苔藓)、水草(包括藻类)、蔓草、芳草、毒草、群芳、果和木12类。此方法简单易懂，在应用上非常方便。

自然分类法是按照植物间的形态、结构、生理相似程度的大小，判断其亲缘关系的远近，再以植物进化过程中亲缘关系的远近作为分类标准的分类方法。这种分类法可以反映各种植物在分类系统上所处的位置，科学性较强，在生产实践中也有重要意义。

2. 植物分类单位

植物分类的各级单位按照从属关系顺序排列，主要有界、门、纲、目、科、属、种。种是植物分类的基本单位，同种植物的个体，起源于共同的祖先，具有相似的形态特征且能进行自然交配，产生正常后代，并有其一定的地理分布区域。由相近的种集合为属，相近的属集合为科，依此类推，进一步集合形成目、纲、门、界。每种植物都可在各级分类单位中找到它的位置和从属关系。例如，水稻的各级分类单位如下。

界：植物界(Regnum vegetabile)

门：被子植物门(Angiospermae)

纲：单子叶植物纲(Monocotyledoneae)

目：禾本目（Granminales）
科：禾本科（Gramineae）
属：稻属（*Oryza*）
种：稻（*Oryza sativa* L.）

根据实际需要，在主要分类单位中还可加入一些亚单位，如亚门、亚纲、亚科等。

种以下的分类等级有亚种、变种、变型。亚种是一个种内的变异类型，形态上有一定区别，在分布、生态或季节上有所隔离，同种内的两个亚种不分布在同一地理分布区内。变种是一个种内的某些个体在形态上有所变异，且比较稳定，分布范围比亚种小得多，并与种内其他变种有共同的分布区。变型是种内某些个体有细小变异，如花冠或果实的颜色、毛被情况等的变异，无一定的分布区，零星分布。

在栽培植物中，常划分为很多品种。品种是经过人类培育出来的，不是分类学上的单位，只用于栽培植物。品种大多是根据经济性状如植株大小或果实的色、香、味及成熟期等进行区分的。例如，苹果中的'红富士'、'黄香蕉'、'国光'、'红玉'等都是品种。

3. 植物命名

国际上为了便于应用和学术交流，经国际植物学会统一规定，采用瑞典植物学家林奈所创立的双名法为植物命名，定出的名称为植物的学名。

双名法规定，植物的学名由两个拉丁文单词组成：第一个是属名，表示植物的特点等，为名词，属名的第一个字母要大写；第二个是种加词，用小写，表示产地、习性或特征，多为形容词，也可以是名词；一个完整的学名在种加词后要附加命名人的姓名或缩写，并且第一个字母要大写。如水稻的学名为 *Oryza sativa* L.，第一个词 *Oryza* 为属名，是稻的古希腊名，为名词；第二词 *sativa* 是种加词，为栽培的意思；后面的大写 L. 是定名人林奈（Linnaeus）的姓名缩写。

亚种（subspecies）缩写为 subsp. 或 ssp.，变种（variety）缩写为 var.，变型（forma）缩写为 f.。书写时，如果是变种，在学名的后边加上"var."，然后加上变种加词，最后写变种命名人缩写，如糯稻（*Oryza sativa* L. var. *glutinosa* Matsum.）是水稻的变种。如果是栽培品种，在种名后写品种名称并加单引号，不附命名人的姓名。

4. 植物分类检索表及其应用

植物分类检索表是根据二歧分类原则，把各植物类群突出的形态特征进行比较，分成显著不同的两个分支，在每个分支下面再找出不同点分为两个分支，依次一直编到科、属或种检索表的终点为止。植物分类检索表分为定距检索表（也称为等距检索表）和平行检索表两种。

定距检索表把相对的两个性状编为同样的号码，并且从左边同一距离处开始，下一级两个相对性状向右退一定距离开始，逐级排列。以植物界主要类群分类检索表为例，定距检索表为：

1. 植物体有茎、叶，无真根 ………………………………………………… 苔藓植物
1. 植物体有茎、叶，有真根
　2. 不产生种子 …………………………………………………………… 蕨类植物

2. 产生种子
  3. 胚珠裸露, 无子房 ………………………………………………………………… 裸子植物
  3. 胚珠包于子房之内
    4. 具网状脉, 胚有子叶 2 枚 ………………………………………………… 双子叶植物
    4. 具平行脉, 胚有子叶 1 枚 ………………………………………………… 单子叶植物

平行检索表是把相对应性状的两个分支平行排列, 分支之末为序号或名称。如果为数字, 则另起一行重新写, 与另一相对性状平行排列。左边数字均平头写, 为平行检索表的特点。以植物界主要类群分类检索表为例, 平行检索表为:

1. 植物体有茎、叶, 无真根 ………………………………………………………… 苔藓植物
1. 植物体有茎、叶, 有真根 ………………………………………………………………… 2
2. 不产生种子 ………………………………………………………………………… 蕨类植物
2. 产生种子 ……………………………………………………………………………………… 3
3. 胚珠裸露, 无子房 ………………………………………………………………… 裸子植物
3. 胚珠包于子房之内 …………………………………………………………………………… 4
4. 具网状脉, 胚有子叶 2 枚 ……………………………………………………… 双子叶植物
4. 具平行脉, 胚有子叶 1 枚 ……………………………………………………… 单子叶植物

任务实施

1. 区别木本植物与草本植物

将课前准备的标本进行分类: 茎干发生明显的木质化、硬度较大的为木本植物, 油松、侧柏、太平花、毛白杨属此类; 茎干纤细、没有明显木质化的为草本植物, 牛皮消、田旋花、蒲公英、荠菜属此类。

2. 木本植物的检索与鉴定

从植物分类检索表中找到木本植物所处的分支。观察待鉴定木本植物的主要特征或性状, 对照检索表中次第出现的两个分支的形态特征, 与待鉴定的木本植物相对照, 选定与待鉴定木本植物相符合的一个分支。再从这个分支下面所属的两个分支中, 继续选定与待鉴定木本植物相符合的一个分支。如此检索下去, 直到查出该种植物的名称为止。最后对照该植物种的有关描述和插图, 验证检索是否有误, 并确定植物的正确名称。

3. 草本植物的检索与鉴定

从植物分类检索表中找到草本植物所处的分支。观察待鉴定草本植物的主要特征或性状, 对照检索表中次第出现的两个分支的形态特征, 然后采取与上述木本植物的检索及鉴定相类似的方法, 逐次检索下去, 直到查出该种植物的名称为止。最后对照该植物种的有关描述和插图, 验证检索是否有误, 并确定植物的正确名称。

任务考核

植物分类考核参考标准

考核项目	考核内容	考核标准	考核方法	赋分(分)
基本素质	学习态度	态度认真，学习主动，全勤	单人考核	5
	团队协作	服从安排，与小组成员配合好	单人考核	5
任务实施	区别木本植物与草本植物	根据植物性状区分两类植物	单人考核	20
	木本植物的检索与鉴定	检索规范、鉴定正确，对各部分特点的描述完整	小组考核	20
	草本植物的检索与鉴定	检索规范、鉴定正确，对各部分特点的描述完整	小组考核	25
职业素质	方法能力	独立分析和解决问题的能力强，表达准确	单人考核	5
	工作过程	工作过程规范、认真	单人考核	20
合　计				100

知识拓展

生物分类系统

200 多年前，瑞典博物学家林奈在《自然系统》一书中明确地将生物分为植物和动物两大类，即植物界和动物界，这就是通常所说的生物分界的两界分类系统。之后，随着人们认识的不断加深，对生物的分界有了新的看法，继两界分类系统后，出现了三界分类系统、四界分类系统、五界分类系统、六界分类系统等。

目前，生物分类学上使用较广的是五界分类系统，它是由美国生物学家魏泰克（R. H. Whittaker）在 1969 年提出的。魏泰克在区分了植物与动物、原核生物与真核生物的基础上，根据真菌与植物在营养方式和结构上的差异，把生物界分成了原核生物界、原生生物界、真菌界、植物界、动物界五界。

原核生物界　以蓝藻和细菌为代表，它们的细胞中不形成染色体，无核膜和核仁，但有拟核(有核的功能，也称原始核，原核生物的名称即由此而来)。

原生生物界　以单细胞生物或多细胞的群体生物为代表，它们有鞭毛，能自由移动，有真正的细胞核。

真菌界　它们有细胞核但无叶绿素，不能进行光合作用，只能从外部环境吸收化学物质进行代谢并获得能量。

植物界　以高等的藻类和高等植物为代表，它们依靠光合作用将无机物转化为有机物，并获得能量。

动物界　它们靠捕食其他生物获得能量，并能运动。

![思考与练习]

1. 选择当地常见植物5~10种，编制定距检索表。
2. 选择当地常见植物5~10种，编制平行检索表。

任务4-2 识别植物界基本类群

![任务目标]

了解植物界的基本类群，认知不同植物类群的主要特征及代表植物。能正确描述各植物类群的形态特征。

![任务准备]

学生每3~5人一组，每组准备以下材料和用具：藻类植物的永久制片；蕨类植物、裸子植物和被子植物的实物或腊叶标本；显微镜、擦镜纸。

![基础知识]

植物种类繁多、形态结构各异，主要包括藻类植物、苔藓植物、蕨类植物和种子植物等类群，种子植物又可分为裸子植物和被子植物。藻类植物、苔藓植物无维管束，为非维管植物；蕨类植物和种子植物具有维管束，称为维管植物。

1. 藻类植物

藻类植物构造简单，没有根、茎、叶的分化。植物体有单细胞、群体和多细胞的丝状体、片状体、枝状体等，如球藻是单细胞，团藻属于群体，海带为多细胞的叶状体。藻类植物形态、结构差异很大，如球藻、衣藻等须在显微镜下才能看到，而巨藻长度可达100m以上（图4-1）。藻类植物3万余种，分布极为广泛。

藻类植物含有叶绿素，属自养型植物。大多数水生，少数陆生。藻类植物细胞除含有叶绿素外，还含有藻黄素、藻红素、藻褐素等，故藻体呈现不同的颜色。根据藻类植物所含色素、贮藏物以及藻体的形态构造、繁殖方式等不同，可将其分为绿藻、裸藻、金藻、甲藻、红藻、褐藻等不同类型。藻类植物繁殖方式多样，有营养繁殖、孢子繁殖或配子繁殖。藻类植物除少数种类外，一般没有明显的

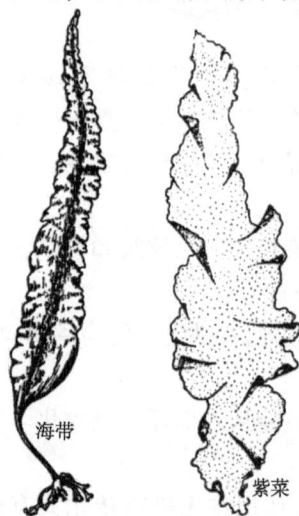

图 4-1 藻类植物
（何国生，2013）

海带
紫菜

世代交替。

有的藻类在我国是普通食品，如海带；有的能吸收和积累某些有毒物质，起到净化污水、消除污染的作用；有的可作工业原料，提取藻胶质、琼胶、乙醇、碘化钾等；有的藻类是鱼类和其他水生动物的主要食物，对发展水产养殖业有重要意义。但有的藻类对植物和鱼类、贝类有危害，如水绵可危害水稻；有的藻类在有机质丰富时可以大量繁殖形成水华，污染水体。

2. 苔藓植物

苔藓植物是一种小型的绿色植物，植物体矮小，构造简单。较低等的常为扁平的叶状体，较高等的有茎、叶的分化，但无真正的根，只有假根。假根主要起固着作用，兼吸收作用，常由单细胞或由一列细胞组成，无中柱，只有在较高级的种类中，有类似输导组织的细胞群；茎内无维管束，有的仅有皮部和中轴，输导能力弱。

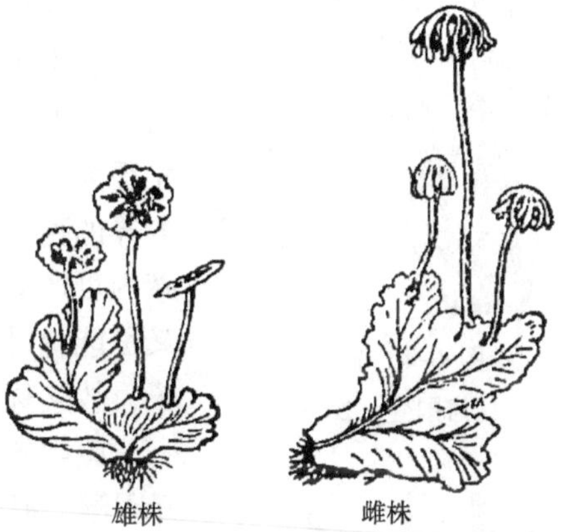

苔藓植物喜欢潮湿环境，一般生长在裸露的石壁上，或潮湿的森林和沼泽地，特别不耐干旱及干燥；在植物界的演化进程中，苔藓植物代表着植物从水生逐渐过渡到陆生的类型。苔藓植物现有 40 000 余种。苔藓植物常可分为苔类（代表植物地钱，图 4-2）和藓类（代表植物葫芦藓，图 4-3）。

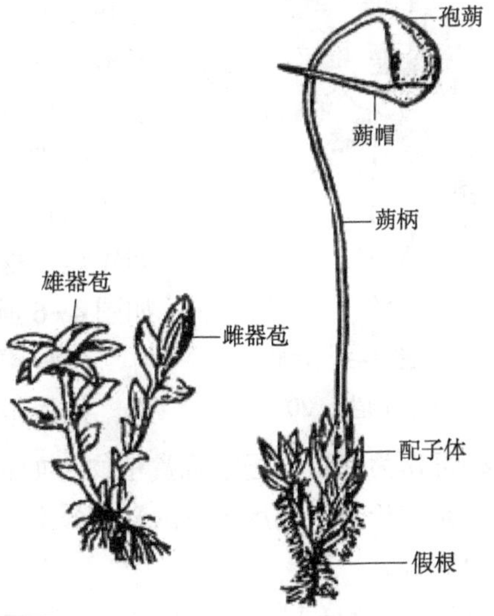

图 4-2　地钱的雌株和雄株(何国生，2013)

苔藓植物在有性生殖时，在配子体(n)上产生多细胞构成的精子器和颈卵器。颈卵器的外形如瓶状，上部细狭称颈部，中间有 2 条沟称颈沟，下部膨大称腹部，腹部中间有 1 个大的细胞称卵细胞。精子器产生精子，精子有两条鞭毛借水游到颈卵器内，与卵结合，卵细胞受精后成为合子($2n$)。合子在颈卵器内发育成胚，胚依靠配子体的营养发育成孢子体($2n$)，孢子体不能独立生活，只能寄生在配子体上。孢子体最主要部分是孢蒴，孢蒴内的孢原组织细胞经多次分裂再经减数分裂，形成孢子(n)，孢子散出，在适宜的环境中萌发成新的配子体。在苔藓植物的生活史

图 4-3　葫芦藓(崔爱萍和邹秀华，2018)

中，有性世代和无性世代互相交替形成了世代交替，其配子体世代在生活史中占优势，且能独立生活，而孢子体不能独立生活，只能寄生在配子体上。

苔藓植物能分泌一种酸性溶液，缓慢地溶解石面，逐渐形成土壤。苔藓植物一般都具有很大的吸水能力，尤其是当密集丛生时，其吸水量高时可达植物体干重的 15~20 倍，而其蒸发量却只有净水表面的 1/5，因此能蓄积大量水分，在防止水土流失上起着重要的作

用。苔藓植物常常是许多森林中的地被植物，可以用来反映林型特征和林地状况等，对于森林发育、湖泊和沼泽变迁极有影响。有的苔藓植物具有一定的药用价值，如金发藓属、仙鹤藓属中的部分种、暖地大叶藓等。

3. 蕨类植物

蕨类植物一般为多年生草本植物，少数种类为高大的乔木，如生活在热带的树蕨，高可达 20m。蕨类植物有真正的根、茎、叶和维管组织的分化，属于维管植物的范畴。其木质部只有管胞，韧皮部只有筛管或筛胞，没有伴胞，不开花，不产生种子，主要靠孢子进行繁殖，仍属孢子植物。

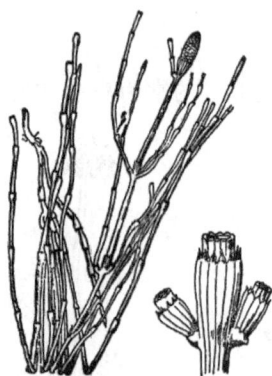

图 4-4 节节草
（何国生，2013）

蕨类植物的根常为须状不定根。茎多为根状茎，少数种类具有地上直立或匍匐的气生茎。叶有单叶和复叶之分，叶形变化很大。有些蕨类植物，同一植株上的叶可区分为形态和功能各异的孢子叶和营养叶（即异形叶）。孢子叶的背面、边缘或叶腋内可产生孢子囊，在孢子囊内形成孢子，以此进行繁殖，故又称能育叶；营养叶仅有光合作用功能，不产生孢子囊和孢子，故又称不育叶。

蕨类植物大多为土生、石生或附生，少数为湿生或水生，喜阴湿、温暖的环境。森林、草地、溪沟、岩隙和沼泽中，都有蕨类植物生活。蕨类植物约有 12000 种，广布全球。蕨类植物共分为五大类，其中以石松、木贼、真蕨 3 类较为常见，代表植物有卷柏、节节草（图 4-4）、芒萁（图 4-5）、贯众、肾蕨、鸟巢蕨等。

蕨类植物生活史中有明显的世代交替，孢子体世代占优势，生活期较长；配子体退化，是较小的叶状体，结构简单，生活期较短。孢子体和配子体都可以独立生活。蕨类植物的生活史如图 4-6 所示。

图 4-5 芒萁
（何国生，2013）

多种蕨类的幼叶可食，如紫萁、苹蕨；有的蕨类植物可药用，如海金沙、贯众、木贼；有些可作饲料和绿肥，如满江红；有些可作为庭院、居室观赏植物，如肾蕨、铁线蕨、巢蕨、凤尾蕨。许多蕨类由于具有重要的研究价值、利用价值或珍稀或濒危等原因，被列为国家重点保护野生植物，如桫椤、鹿角蕨等。

4. 种子植物

（1）裸子植物

裸子植物是进化程度介于蕨类植物和被子植物之间的维管植物。裸子植物能产生种子，但由于没有子房结构，胚珠裸露，由胚珠发育形成的种子也是裸露的，不能形成果实，因此得名。

裸子植物多数为多年生木本植物，有发达的根、茎和叶。多为常绿，少为落叶。有维

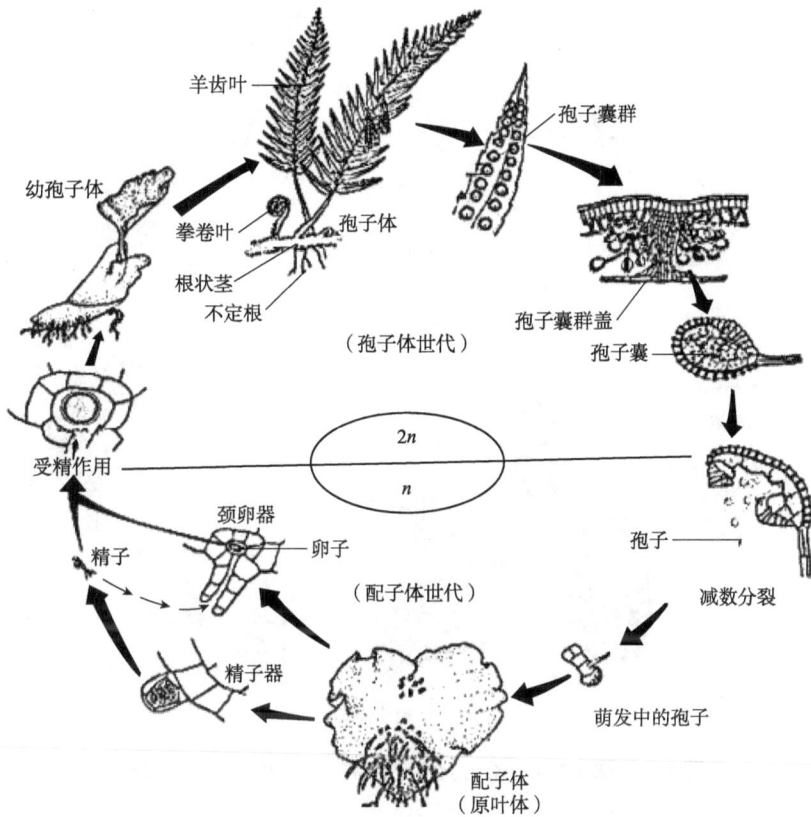

图 4-6 蕨类植物(水龙骨)生活史(崔爱萍和邹秀华, 2018)

管束的分化,具有形成层,可进行次生生长。木质部通常只有管胞,极少数种类具有导管和纤维(买麻藤类)。韧皮部只有筛胞,无筛管和伴胞。大多数种类的雌配子体由 2~7 个颈卵器和大量胚乳组成,雄配子体由 2 个退化的原叶体细胞(营养细胞)、1 个管细胞和 2 个生殖细胞即 4 个细胞组成。能产生花粉管,花粉管将精子送至卵细胞,完成受精作用。因此,裸子植物的受精作用彻底摆脱了水,对适应陆地生活具有重大意义。由于 1 个雌配子体上的几个颈卵器的卵细胞可以同时受精,形成多胚,或一个受精卵在发育过程中其胚原组织分裂为几个胚,因此裸子植物具有多胚现象。

裸子植物有明显的世代交替,其孢子体发达,占绝对优势;配子体简化,不能脱离孢子体而独立生活。裸子植物的生活史如图 4-7 所示。

现存的裸子植物约 800 种,可分为苏铁、银杏、松柏、红豆杉和买麻藤 5 类,常见的代表植物有苏铁、银杏、水松、侧柏、圆柏、罗汉松、红豆杉等。其中,银杏、水松、水杉被国际上誉为"活化石"。

裸子植物是森林和园林绿化的主要树种,如松、杉是构成北半球森林的主要树种,南洋杉、雪松等还可作园林绿化树种;其木材坚硬,为重要用材树种,也是生产纤维、树脂、单宁等的重要原料;有的可药用,如麻黄、银杏、红豆杉;有的可食用,如红松种子。

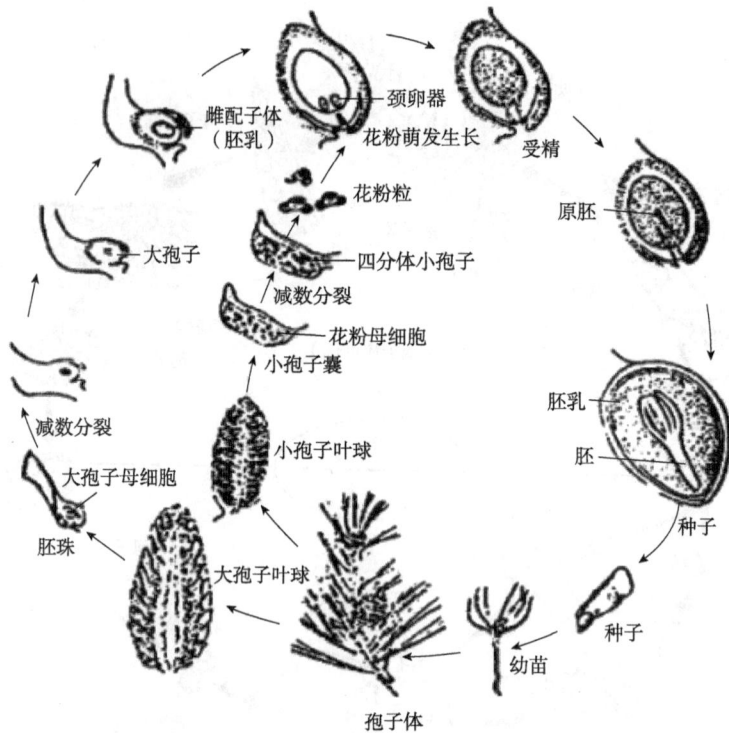

图 4-7　裸子植物(松树)**生活史**(崔爱萍和邹秀华，2018)

(2)被子植物

被子植物是植物界进化最高级、种类最多、分布最广、适应性最强的植物类群。目前，已知被子植物约 25 万种，我国有 2700 余属 3 万余种。

被子植物的胚珠由子房包被，种子由果皮包被。种子成熟后，以各种方式散布种子，对扩大植物分布区域起了很大作用。被子植物具有真正的花，又称为有花植物或显花植物。被子植物花的大小、颜色、形状、气味、传粉习性等多种多样。被子植物具有双受精现象，产生三倍体胚乳，高度适应陆生环境，有利于种群的繁衍，使后代具有更强的生活力和适应性。根据种子中子叶数目的不同，被子植物又可以分为单子叶植物和双子叶植物。

被子植物有明显的世代交替，其孢子体高度发达，配子体极度简化。孢子体在形态、结构、生活型等方面比其他各类植物更完善、更多样化；具有比裸子植物优越的输导组织，木质部中有导管和纤维等的分化，韧皮部中有筛管和伴胞等的分化，生理机能效率更高。成熟的雄配子体仅有 2 个细胞(二核花粉粒)或 3 个细胞(三核花粉粒)；成熟的雌配子体为胚囊，即八核胚囊或七细胞胚囊；雌、雄配子体均不能独立生活，终生寄生在孢子体上。被子植物的生活史如图 4-8 所示。

被子植物与人类有着极为密切的关系。人类生存所依赖的粮、棉、油、糖、茶等，绝大多数源于被子植物，许多轻工业、建筑、医药等的原料也源于被子植物，因此被子植物是人类衣、食、住、行均不可缺少的植物资源。

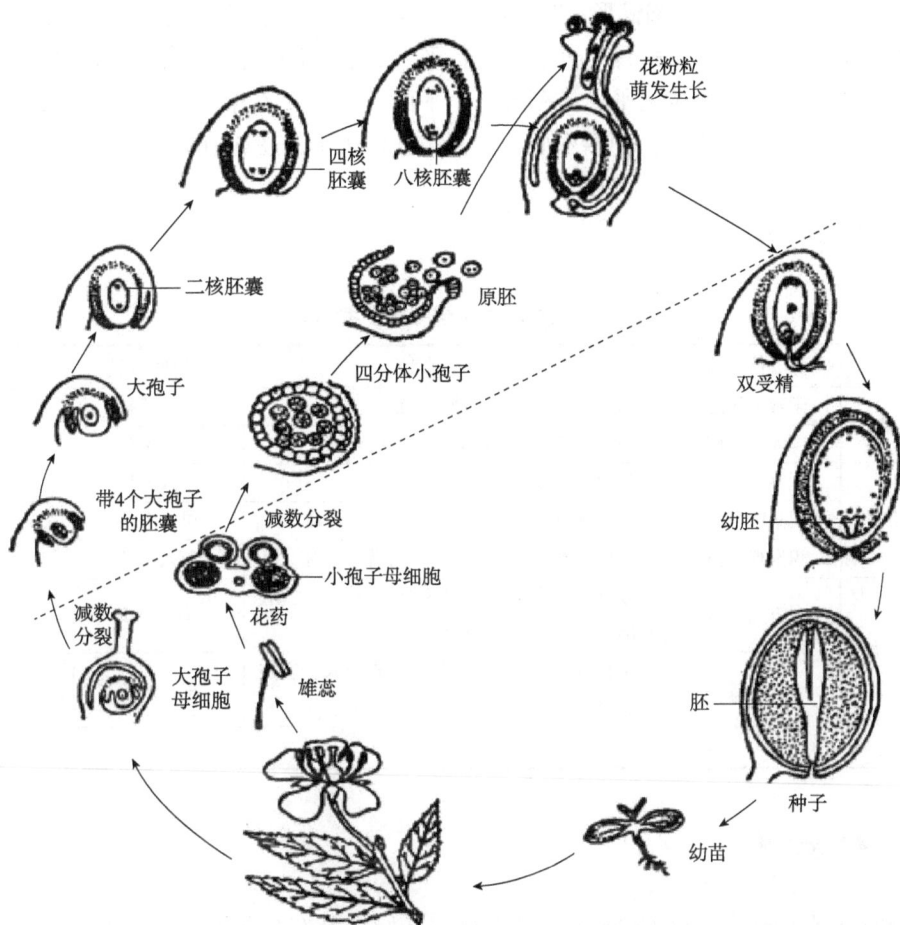

花粉粒
萌发生长

四核
胚囊

八核胚囊

二核胚囊

原胚

大孢子

四分体小孢子

双受精

带4个大孢子
的胚囊

减数分裂

幼胚

减数
分裂

小孢子母细胞

花药

胚

大孢子
母细胞

雄蕊

种子

幼苗

图 4-8　被子植物生活史(崔爱萍和邹秀华，2018)

任务实施

1. 观察藻类植物

取念珠藻永久制片，先用低倍镜观察，后用高倍镜观察，可以看到藻丝由一列细胞组成，形如一串念珠。藻丝上除了营养细胞外，还有一种大型厚壁而色淡的特殊细胞，为异形胞。

观察水绵永久制片，可见其是由长筒形细胞连成的丝状体。每个细胞中有一至数条带状的叶绿体，螺旋形绕于原生质体内，上有一列淀粉核。细胞中有一个核和一个大液泡。

2. 观察蕨类植物

取肾蕨植株或腊叶标本观察，可见其根状茎直立，匍匐茎向四方伸展。叶簇生，革质或草质，略有光泽，叶片线状披针形或狭披针形，一回羽状，叶缘有疏浅的钝锯齿。叶背面孢子囊群成行位于叶脉两侧。

3. 识别裸子植物

识别裸子植物中的代表树种：银杏、油松、侧柏等。

银杏：落叶乔木；树冠圆锥形；叶扇形，在长枝上互生，在短枝上簇生；种子核果状。

油松：常绿乔木；树皮鳞片状开裂；叶针形，2针一束；球果可宿存于枝上多年。

侧柏：常绿乔木；小枝扁平，排列成一个平面；叶小，鳞片状，紧贴于小枝上，呈交叉对生排列；球果当年成熟，种鳞木质化、开裂，种子不具翅或有棱脊。

任务考核

识别植物基本类群考核参考标准

考核项目	考核内容	考核标准	考核方法	赋分(分)
基本素质	学习工作态度	态度认真，学习主动，全勤	单人考核	5
	团队协作	服从安排，与小组其他成员配合好	单人考核	5
任务实施	观察藻类植物	显微镜操作规范，绘图正确	单人考核	20
	观察蕨类植物	操作规范，对茎、叶特点的描述正确	单人考核	20
	识别裸子植物	识别准确，对各部分特点的描述正确	单人考核	25
职业素质	方法能力	独立分析和解决问题的能力强，能主动、准确地表达自己的想法	单人考核	5
	工作过程	工作过程规范，有完整的工作记录，字迹工整	单人考核	20
合　计				100

知识拓展

植物生活在地球上，已有35亿年的历史，开始只是有少数原始的植物种，经过漫长的发展过程，有些种已经灭绝，有些种日渐昌盛，还有些新种在不断形成。植物界的进化表现为由简单到复杂，由水生到陆生，由低级到高级等特点。

1. 在形态构造方面遵循由简单到复杂的发展进程

植物的进化经历了从单细胞植物到群体再到多细胞植物，并逐渐分化出各种组织和器官的过程。单细胞植物可在一个细胞内完成全部生命活动而独立生存，群体是由单细胞向多细胞植物过渡的类型，每个细胞仍能独立生活。多细胞的低等植物形成丝状体或叶状体，组织分化仅仅是开始。藓类出现茎、叶和假根。蕨类更具备了真根和维管束。裸子植物已开始形成种子，但没有真正的花和果实。被子植物出现了真正的花和果实，组织和器官分化得最完善。

2. 在生态习性方面遵循由水生到陆生的发展进程

藻类植物无根、茎、叶的分化，整个植物体都能吸收水分和营养物质。苔藓虽然有了茎、叶的分化，但没有真根和输导组织，因此仍需在阴湿环境中生活，以及在水分充足情况下受精。蕨类植物有了真根和比较发达的输导组织，但受精时仍离不开水。裸子植物的输导组织有了进一步发展，适应陆生的能力更强，而且受精不受水的限制，同时产生了种子。被子植物的构造已发展到十分完善的地步，根、茎、叶得到进一步发展，产生了真正的花，种子有果皮包被，因此它们适应陆地生活的能力达到了高峰，这也是被子植物能在地球上占优势的原因。

3. 在繁殖方式方面遵循由低级到高级的发展进程

植物的繁殖方式由营养繁殖到无性的孢子生殖，再到有性的配子生殖，有性生殖方式又由同配生殖到异配生殖，再到卵式生殖，一步一步地由低级向高级发展。例如，有的藻类只能以分裂的方式进行繁殖；有的藻类可以进行无性生殖或有性生殖，但配子同型；褐藻中的海带已进化到卵式生殖，但精子囊和卵囊都是单细胞的。苔藓和蕨类的精子器和颈卵器则都是多细胞的，并出现了明显的世代交替。种子植物则用种子繁殖，种子内含有胚和丰富的养分，外有种皮保护，更适于陆地上的传播和幼苗的生存。在世代交替中，孢子体越来越发达，而配子体越来越简化。

📖 思考与练习

1. 列表比较苔藓植物与蕨类植物的相同点和不同点。
2. 归纳总结裸子植物与被子植物的相同点和不同点。

任务 4-3　识别被子植物主要科及代表种

🌲 任务目标

了解被子植物主要科的形态特征，掌握被子植物主要科的识别要点，准确识别当地被子植物常见科的代表植物。学会采集与制作植物标本。

↰ 任务准备

学生每 3~5 人一组，每组准备以下材料和用具：被子植物主要科代表植物的实物或腊叶标本；标本夹、吸水纸、采集铲、枝剪、记录本、号牌、钢卷尺、台纸、针线、胶水等；放大镜、刀片、镊子、解剖针等。

👆 基础知识

被子植物是植物界最高级的类群，有 300 多科 25 万多种。被子植物门分为双子叶植物纲和单子叶植物纲，它们的主要区别见表 4-1 所列。

1. 双子叶植物纲的主要科及代表种

(1) 木兰科(Magnoliaceae)

木本。单叶互生、全缘，托叶大，叶脱落后具明显的环状托叶痕。花单生于枝顶或叶腋，花大，两性，单被花，花被 3 基数，整齐花；心皮多数、离生，雄蕊多数，心皮和

表 4-1　双子叶植物纲与单子叶植物纲的区别

项目	双子叶植物纲	单子叶植物纲
种子	常具 2 片子叶	仅含 1 片子叶
根	主根发达，多为直根系	主根不发达，多为须根系
茎	维管束常呈环状排列，具形成层	维管束散生，无形成层
叶	常具网状脉	常具平行脉
花	花部常 5 或 4 基数	花部常 3 基数

图 4-9　玉兰
（崔玲华，2005）

图 4-10　铁线莲
（崔爱萍等，2020）

雌、雄蕊都轮状或螺旋状着生于隆起伸长的棒状花托上，子房上位。聚合蓇葖果，种子有丰富的胚乳。

本科约 15 属 250 余种，主要分布于热带与亚热带；我国有 11 属约 130 种。代表植物：玉兰（图 4-9）、紫玉兰、含笑、鹅掌楸、厚朴、五味子等。

（2）毛茛科（Ranunculaceae）

草本，稀灌木或藤本。叶基生或互生，稀对生，单叶常分裂或羽状复叶，托叶不发达或无。花两性，整齐，5 基数；花萼、花瓣离生；雄蕊和雌蕊多数，离生，螺旋状排列于膨大的花托上。瘦果或蓇葖果，少数为浆果或蒴果。

本科约 50 属 2000 余种，主产北温带和寒带；我国有 43 属约 700 种。代表植物：铁线莲（图 4-10）、黄连、乌头、白头翁、白芍、牡丹、芍药、飞燕草、水毛茛等。

（3）十字花科（Brassicaceae）

草本。单叶互生，全缘或羽状深裂，基生叶常呈莲座状，无托叶。花两性，辐射对称，十字花冠；雄蕊 6 枚，4 长 2 短，为四强雄蕊；雌蕊由 2 个心皮组成，被假隔膜分成 2 室，子房上位，侧膜胎座。角果，种子无胚乳。

本科约 375 属 3200 余种；我国有 96 属 430 余种，全国自南往北逐渐增多。代表植物：油菜（图 4-11）、大白菜、萝卜、榨菜、甘蓝、花椰菜、板蓝根、独行菜、碎米荠。

（4）伞形科（Umbelliferae）

草本。茎中空或有髓，有纵棱，多为芳香草本。叶互生，叶片分裂或多裂，一回或多回掌状、羽状复叶，叶柄基部膨大或呈鞘状。花序常为复伞形花序，有时为伞形花序；花两性，花柱基部膨大与上位花盘愈合。双悬果，种子胚乳丰富，胚小。

本科约 275 属 2900 余种，主产北温带；我国有 95 属 600 余种，南北都有分布。代表植物：当归（图 4-12）、白芷、川芎、柴胡、茴香、胡萝卜、芹菜、芫荽等。

（5）茄科（Solanaceae）

草本或灌木，稀乔木。单叶或复叶，互生，无托叶。花 5 数，两性；子房上位、偏斜，心皮 2 个合生，2 室，中轴胎座，胚珠多数；花萼宿存，果时常增大；雄蕊着生于花冠基部，与花冠裂片同数而互生，花药常孔裂；心皮 2，合生。蒴果或浆果。

本科约 85 属 2500 余种，主产温带和热带；我国有 26 属约 115 余种，分布全国。代表植物：番茄、辣椒、茄子、枸杞、曼陀罗、颠茄、马铃薯、龙葵、白英、棉花（图 4-13）等。

图 4-11 油菜
（崔爱萍等，2020）

图 4-12 当归
（崔爱萍和邹秀华，2018）

（6）豆科（Leguminosae）

木本或草本，常具根瘤。复叶，稀单生叶，互生。花两性，两侧对称，萼 5 裂，花瓣 5，分离；花冠多为蝶形或假蝶形花冠，花冠下降覆瓦状排列；雄蕊多数，常 10 枚，二体雄蕊；雌蕊单心皮，1 室，含多数胚珠或 1 胚珠。荚果，种子无胚乳。

本科约 670 属 18 000 余种；我国有 151 属 1300 余种，全国各地均有。代表植物：含羞草（图 4-14）、花生、大豆、白车轴草、紫穗槐、苜蓿、甘草、黄芪、龙爪槐、紫荆等。

（7）葫芦科（Cucurbitaceae）

草质藤本。具卷须，茎具双韧维管束。叶互生，掌状分裂。花单性，合瓣；聚药雄蕊，3 心皮，子房下位，侧膜胎座。瓠果。

本科约 113 属 800 余种；我国有 32 属 154 余种，南北均有分布。代表植物：南瓜（图 4-15）、黄瓜、丝瓜、苦瓜、西瓜、甜瓜、栝楼等。

（8）菊科（Asteraceae）

草本为主，有的植物体有乳汁管。叶互生或对生，无托叶。头状花序有总苞，有管（筒）状花、舌状花等，花萼变态为冠毛状、刺毛状或鳞片状；雄蕊 5 枚，花药连合，为聚药雄蕊；雌蕊 2 心皮，子房下位。果实为连萼瘦果。

本科约 1000 属 3 万余种；我国约有 230 属 3000 种，全国各地分布。代表植物：蒲公英（图 4-16）、莴苣、茼蒿、菊芋、向日葵、艾蒿、茵陈蒿、万寿菊、翠菊、紫菀、黄花蒿等。

图 4-13 棉花
（潘一展和林纬，2009）

图 4-14 含羞草
（崔爱萍等，2020）

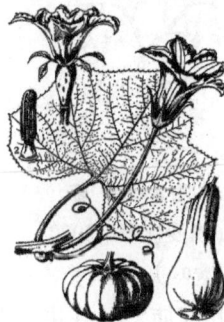

图 4-15 南瓜
（邹秀华，2018）

图 4-16 蒲公英
（崔爱萍等，2020）

（9）蔷薇科（Rosaceae）

乔木、灌木或草本。叶互生，稀对生，单叶或复叶，常具托叶。花两性，辐射对称；花萼裂片5，花瓣5，分离；雄蕊常多数；心皮一至多数，分离或结合，子房上位或下位。果实为蓇葖果、瘦果、梨果或核果，种子无胚乳。

本科124属约3300种，世界性分布；我国有55属1100余种，各地均产。代表植物：桃（图4-17）、李、梨、苹果、山楂、草莓、枇杷、日本樱花、贴梗海棠、月季、玫瑰等。

（10）藜科（Chenopodiaceae）

多为草本，少数为半灌木或灌木，稀为小乔木。单叶，无托叶，互生或对生，扁平或柱状，较少退化为鳞片状。花小，苞片与花被绿色或灰绿色，单被花，雄蕊与花被裂片同数或较少，子房上位。胞果常包于宿存花被内，种子较小。

本科约100属1500余种；我国有40属近200种，多分布于华北和西北。代表植物：藜（图4-18）、甜菜、梭梭、盐角草、碱蓬、灰绿藜、猪毛菜等。

（11）苋科（Amaranthaceae）

草本，有时为小灌木或攀缘植物。单叶互生或对生，无托叶。花小，两性或单性，单被，辐射对称，常密集簇生；萼片3~5枚，干膜质；雄蕊1~5枚，与萼片对生，基部连合成管；子房上位，由2~3心皮组成，1室。果为胞果，盖裂或不裂。

本科约65属850种，分布于热带和温带；我国有13属50种，南北均有。代表植物：苋（图4-19）、鸡冠花、千日红、牛膝等。

（12）葡萄科（Vitaceae）

木质或草质藤本。茎卷须与叶对生，叶互生。花常两性，辐射对称，花序与叶对生；花瓣大，4~5片，镊合状排列；雄蕊4~5，与花瓣对生；心皮2，合生，子房上位，常2室，中轴胎座，每室有胚珠2个。浆果。

本科约12属700余种；我国有12属178种，南北各地均有分布。代表植物：葡萄（图4-20）、秋葡萄、野葡萄、地锦等。

图4-17 桃	图4-18 藜	图4-19 苋	图4-20 葡萄
（何国生，2013）	（崔爱萍等，2020）	（崔爱萍等，2020）	（崔爱萍等，2020）

（13）景天科（Crassulaceae）

草本或小灌木，茎及叶肉质。叶互生、对生或轮生，多全缘，极稀羽状条裂。花序多聚伞状或复聚伞状，稀穗状和圆锥状；花两性，稀雌雄异株，辐射对称；心皮离生或下部连合，基部各有一鳞片状腺体；胚珠一般多数。果实为蓇葖果。

本科约 34 属 1500 余种；我国有 10 属 242 种，分布遍及全国。代表植物：燕子掌（图 4-21）、垂盆草、长寿花、蝎子草、玉米石、落地生根、绒毛掌、莲花掌等。

（14）蓼科（Polygonaceae）

多草本，茎节膨大。单叶，全缘，互生；托叶膜质，鞘状包茎，称为托叶鞘。花 3 基数或 5 基数，单被，花瓣状。瘦果三棱形，包于宿存的花被中；胚弯曲，位于胚乳中。

本科约 40 属 1200 余种，分布全球；我国有 14 属 200 余种，分布全国。代表植物：巴天酸模（图 4-22）、荞麦、竹节蓼、何首乌、大黄、酸模、萹蓄、金荞麦等。

（15）芸香科（Rutaceae）

常绿或落叶乔木、灌木或草本，稀攀缘性灌木。茎常有刺。叶多为复叶或单身复叶，互生或对生；叶上常见透明油腺点，具芳香气味。花两性或单性，辐射对称；聚伞花序，稀总状或穗状花序；萼片与花瓣同数，常 4~5；中轴胎座。多为柑果或浆果。

本科约 155 属 1700 余种；我国约有 29 属 150 种，南北各地均有分布。代表植物：橙（图 4-23）、柑、橘、柚、柠檬、金柑、花椒、黄皮等。

（16）锦葵科（Malvaceae）

单叶互生，常有星状毛，有托叶，掌状脉。花两性，整齐，辐射对称，5 基数，具副萼（苞叶）；单体雄蕊，花丝连合为管状、包围花柱，花药 1 室；心皮 3~20 个，合生或分离，子房上位，中轴胎座，每室具一至多数胚珠。蒴果或分果。

本科 82 属 1500 余种，主产热带和温带；我国有 17 属 80 余种，各地均有。代表植物：木槿（图 4-24）、扶桑、棉花、苘麻、红麻、蜀葵、秋葵、朱槿、木芙蓉。

图 4-21 燕子掌　　图 4-22 巴天酸模　　图 4-23 橙　　图 4-24 木槿
　　　　　　　（何国生，2013）　　（何国生，2013）　　（崔爱萍等，2020）

（17）唇形科（Labiatae）

草本为主，少数灌木。植物体含芳香油，具香气。茎四棱。单叶对生或轮生，无托叶。花两性，二唇形花冠，轮伞花序，花萼宿存；二强雄蕊，花药 2 室，药隔延长；2 心皮，分裂成 4 室，子房上位，4 深裂，花柱着生于子房裂隙的基部。小坚果 4 枚。

本科约 220 属 3500 种，全球分布；我国有 99 属 800 余种，全国均有分布。代表植物：益母草（图 4-25）、薄荷、薰衣草、留兰香、夏枯草、藿香、黄芩、紫苏等。

（18）旋花科（Convolvulaceae）

多为草质藤本或直立草本，少数为木质藤本、乔木或灌木。少数种有块茎。叶互生，单叶或复叶，无托叶。花两性，辐射对称，花5基数；花冠漏斗状、钟状，色鲜艳；花瓣合生，旋转状排列；萼片5，常宿存；雄蕊5枚，子房上位。常蒴果，稀浆果或坚果。

本科约60属1800余种；我国有22属128种，分布于全国各地。代表植物：打碗花（图4-26）、甘薯、蕹菜、茑萝、牵牛、菟丝子等。

（19）大戟科（Euphorbiaceae）

草本、乔木或灌木，常具乳汁。单叶互生，常有托叶。花小，单性，形成各种花序，尤其是杯状聚伞花序（其构造是外面为绿色杯状的总苞，内部具多数雄花和一枚雌花），萼片常5，中轴胎座。果为蒴果，或为浆果状或核果状。

本科800余属8000余种；我国约70属864余种，各地均有分布。代表植物：乳浆大戟、橡胶树、油桐、千年桐、蓖麻（图4-27）、木薯、巴豆、乌桕、重阳木、一品红、光棍树等。

（20）石竹科（Caryophyllaceae）

草本。茎节膨大，有关节。单叶，对生，全缘。花两性，4或5基数，花萼宿存，花瓣常具爪，边缘不整齐，前端撕裂状或二深裂；花柱2~5枚，子房上位，1室，特立中央胎座。蒴果，顶端齿裂或瓣裂。

本科约70属2200余种，广布全球；我国有32属近400种，全国均有分布。代表植物：石竹（图4-28）、香石竹、满天星、太子参、繁缕等。

图4-25 益母草
（何国生，2013）

图4-26 打碗花
（崔爱萍等，2020）

图4-27 蓖麻
（崔爱萍和邹秀华，2018）

图4-28 石竹
（潘一展和林纬，2009）

2. 单子叶植物纲的主要科及代表种

（1）禾本科（Gramineae）

草本或木本状。常具根状茎；茎称为秆，常于基部产生分蘖；秆的节间中空，有些种类实心。叶互生，2列排列，常有叶舌、叶耳，叶鞘开放，叶片狭长带状。花小，两性，花被退化为鳞片；雄蕊3或6；雌蕊2心皮合生，子房上位，1室，1胚珠，柱头分裂、羽毛状；每朵小花由2个苞片包被，分别称为外稃和内稃；由小花组成小穗，再由小穗组成复穗状花序；每个小穗基部有一至多个苞片，称为颖片。颖果。

本科 660 余属 10 000 余种。代表植物：小麦、水稻、大麦、玉米、谷子、小米、高粱、早熟禾、狗牙根、高羊茅、佛肚竹、慈竹、凤尾竹、芦苇等。

（2）莎草科（Cyperaceae）

草本。多数具有根状茎，少数具有块茎或球茎；茎常三棱，实心，无节。叶常排为 3 列，叶片狭长，叶鞘包秆，闭合。花小，生于小穗鳞片的腋内，再由小穗组成各种类型花序；花两性或单性，无被或退化成鳞片或刚毛；雄蕊多为 3，子房上位。小坚果或囊果。

本科约 90 属 4000 余种；我国有 31 属 670 种，分布于各地。代表植物：异型莎草（图 4-29）、荸荠、莎草、扁穗莎草、水葱、风车草、荆三棱等。

（3）百合科（Liliaceae）

多为草本。多数种类具有根状茎或鳞茎或球茎。叶互生或基生。花两性，单被花，较大；花被花冠状，6 枚、2 轮，雄蕊 6、2 轮，子房上位，3 心皮、3 室，中轴胎座。蒴果或浆果。

本科 240 余属 4000 余种；我国有 54 属 334 种，全国均有分布。代表植物：百合（图 4-30）、郁金香、萱草、天门冬、麦冬、芦荟、葱、金针菜、韭、洋葱、芦笋、大蒜等。

（4）兰科（Orchidaceae）

草本，稀攀缘藤本。叶互生，2 列，稀对生或轮生，有时退化为鳞片。花两侧对称，花被片 6 枚，排成 2 轮，均花瓣状，外轮 3 枚称为萼片，内轮两侧的 2 枚称为侧瓣，中央的 1 枚变成奇特的形状，称为唇瓣，极少 3 枚花瓣同形；唇瓣常有艳丽的色彩，雄蕊和花柱、柱头完全合生成柱状体，称为合蕊柱。蒴果，种子极小、极多，无胚乳。

本科约 753 属 2 万余种，主产热带；我国有 166 属 2000 余种，主产西南各地。代表植物：建兰、春兰、墨兰（图 4-31）、独蒜兰、文心兰、石斛、天麻等。

图 4-29　异型莎草
（崔爱萍等，2020）

图 4-30　百合
（崔爱萍等，2020）

图 4-31　墨兰
（崔爱萍等，2020）

任务实施

1. 现场观察与描述

教师在校园进行现场讲解，学生边听边记录下各种植物名称和特性，并拍摄能展示植物形态的图片。教师讲解完后，学生现场辨认植物，加深记忆。

2. 室内观察与描述

剪取校园中 5 种以上常见的带花、果的植物枝条带回实训室(或选取现有的植物标本),用专业术语对植物枝条的形态结构特征进行描述,然后解剖植物的花或果,写出花或果实的结构特征,并鉴别花的类型与果实类型。

3. 校园植物的归纳分类

在对校园植物进行识别、统计后,为了全面掌握校园内的植物资源情况,还须进行归纳分类。分类的方式可根据自己的研究兴趣和校园植物具体情况进行选择,对植物进行归纳分类时要学会充分利用有关的参考文献。

任务考核

植物的识别考核参考标准

考核项目	考核内容	考核标准	考核方法	赋分(分)
基本素质	学习态度	态度认真,学习主动,全勤	单人考核	5
	团队协作	服从安排,与小组成员配合好	单人考核	5
任务实施	现场观察与描述	听讲认真,观察仔细,描述准确	单人考核	20
	室内观察与描述	观察认真,描述准确	单人考核	20
	校园植物的归纳分类	分类依据选择正确,归纳总结全面	小组考核	25
职业素质	方法能力	独立分析和解决问题的能力强,表达准确	单人考核	5
	工作过程	工作过程规范、认真	单人考核	20
合　计				100

知识拓展

植物标本是植物分类和研究必不可少的科学依据,也是进行植物资源调查、开发利用和保护的重要资料。在自然界,植物的生长、发育有季节性,且分布地区具有局限性,为了不受季节或地区的限制,有效地进行教学活动和交流,有必要采集和制作植物标本。

1. 植物标本的采集

选择具有该种植物典型特征的带叶枝条(木本植物)或全株(草本植物),尽量采集花、果实和种子齐全、植物生长发育正常、无病虫害或机械损伤的标本,标本的大小以能容纳在一张台纸上为宜,每一种植物标本应采集 3~5 份。

采集每一种植物标本时,应该仔细观察它的生长环境、形态特征,特别是气味、颜色以及经过压制后会变得不明显的特征,应记录下来,立即编号并挂上采集小标签。如果植物具有变态器官,如根状茎、球茎、鳞茎、块茎、块根等,采集时尽量把变态器官挖起来放入袋中保存,其编号要与该植物地上部分同号。尽可能做到随时采集、随时观察、随时记录、随时编号、随时挂牌,以免过后忘记或记错。

2. 植物标本的压制

标本的压制是指把新鲜植物标本放入衬垫有干燥吸水纸的标本夹内加压，使标本逐渐脱水干燥的过程。压制时，先将标本夹的一个夹板平放在地上，其上放 4~5 张吸水纸作衬垫，然后依照"标本—吸水纸—标本—吸水纸"的次序逐层放入，平铺于夹板上。达到一定高度时，将另一个夹板盖上，用力下压并用绳索捆紧，放于通风干燥处干燥。

压制前要对所采的新鲜植物标本进行初步整理，剪去多余的枝、叶、花、果，使其不相互重叠，去除根部的泥土等。如果草本植物标本较大，标本夹容纳不下，可以把它弯成"V"字形或"N"字形；如果植物体太大，则可以把它剪成几段，然后分别选取根部、中部和上部各一段制作标本，多余的部分可弃掉，但要对高度进行记载。每一份标本正、反面的叶子都应各压一些，若叶子过大，可将叶子的一侧剪去一些，但叶尖须保留。花序、果序应按野外生长状态压，花、果实不要被叶子盖住；花、果或根部比较大的标本，压制时常常因为凸起而造成空隙，使部分叶片不能紧密接触吸水纸而卷缩起来，此时要用纸折叠把空隙填平，让全部枝叶受到同样的压力。注意，标本的任何一部分都不要露出纸外。

新压制的植物标本每天必须换一次吸水纸，以后视标本的干燥情况 1~2d 换一次吸水纸，直至标本完全干燥为止。每次换下的吸水纸要及时晒干或烘干，以备换用。在换纸过程中(特别是换头两次纸时)要注意标本的整形工作，如果叶、花或果发生脱落，必须把它装在纸袋里保存起来，并做好相关记录。

通常经过 7d 左右压制的标本就全干燥了，这种干燥的标本称为腊叶标本。但是有些植物肉质多浆(如景天科植物)，标本不易干燥，可在压制之前先用开水或药水处理一下，这样干燥得快些，但要注意勤换吸水纸，开始的几天每天应换吸水纸 2~3 次。对具有肉质果实的标本可以纵剖以后压制，也要勤换吸水纸以防霉变。有些植物在压制过程中易落叶，压制前应先用开水浸烫一下，晾干以后再压。

3. 植物标本的固定

待植物标本完全压干后，要及时上台纸。台纸硬，能将腊叶标本固定在上面，便于保存在标本柜里。一般情况下，一张台纸只能装订一份标本，若标本太小又确属同一种植物，也可一张台纸装订几个标本，但不能混入其他标本。

(1)缝着法

将标本放在台纸中央，根据植物标本大小，在枝、叶柄等处，选择多个固定点，用针线将其缝着于台纸上，使其牢固。

(2)装订法

把台纸放在小木板上，然后把标本放在台纸上，用小刀在台纸上枝、叶柄等处左、右各切一纵口，再把细白纸条两端分别自左、右纵口部穿入，同时用手在台纸的背面握住纸条的两端，并轻轻地拉紧，然后用胶水把纸条的两端贴在台纸的背面。每一份标本要贴的纸条数，应视标本的大小和枝、叶的多少而定。关键是要使标本在台纸上固定牢靠。有些标本的花、果等容易脱落，要把脱落的部分装在用玻璃纸做的袋子里，并将袋子贴在台纸的适当地方。

4. 鉴定和编号

标本上台纸后，就要进行科、属、种的鉴定。主要是依据标本所表现的特征及野外采集记录，查阅有关资料，由科到属再到种，最后确定该种标本的学名。经过鉴定后，把鉴定标签贴在台纸的右下角，把原来该种标本的野外采集记录表格复写一份贴在台纸的左上角，以供使用时参考。每一份标本都应编号，并在野外记录本、野外号牌以及鉴定标签和标本室标本总目录单上编写同一号码。

入柜的标本是很重要的资料，应当特别注意保护。标本室应选择干燥通风的地方，标本柜里要经常放置樟脑片或卫生丸等防虫药物，标本柜门要密闭。拿出标本后应立即关严柜门，勿使柜里的标本长久地暴露在外面。

思考与练习

1. 以小组为单位调查校园植物，写出校园植物名录。
2. 制作植物标本时有哪些注意事项？

项目 5　测定植物代谢生理指标

代谢为一切生物所共有。植物的独特之处，在于其自养性，绿色植物光合作用合成的有机物远远超过其呼吸消耗，所剩余的有机物正是植物产量的来源；植物对水分的吸收、水分在植物体内的运输、植物对水分的散失构成了植物的水分代谢。

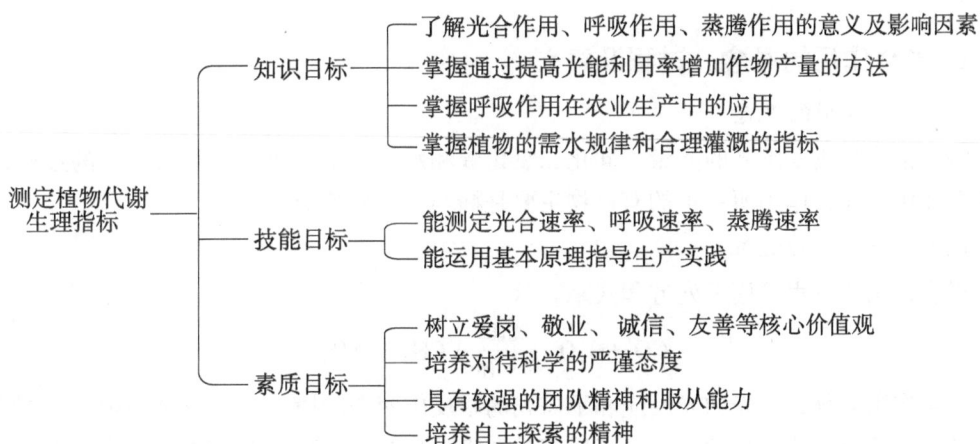

测定植物代谢生理指标

知识目标
- 了解光合作用、呼吸作用、蒸腾作用的意义及影响因素
- 掌握通过提高光能利用率增加作物产量的方法
- 掌握呼吸作用在农业生产中的应用
- 掌握植物的需水规律和合理灌溉的指标

技能目标
- 能测定光合速率、呼吸速率、蒸腾速率
- 能运用基本原理指导生产实践

素质目标
- 树立爱岗、敬业、诚信、友善等核心价值观
- 培养对待科学的严谨态度
- 具有较强的团队精神和服从能力
- 培养自主探索的精神

任务5-1 测定植物光合速率

🌲 任务目标

掌握光合作用的概念、过程特点、影响因素，以及光合作用产物的种类及其运输的形式、途径和分配规律等。能利用光合作用的理论指导农业生产。

📎 任务准备

学生每4~6人一组，每组准备以下材料和用具：田间生长正常的植株；5%三氯乙酸；剪刀、分析天平、称量瓶、烘箱、刀片、金属模板或硬塑料叶模、锡纸、塑料袋(盒)。

👆 基础知识

1. 光合作用的概念、过程及意义

(1)光合作用的概念

绿色植物吸收太阳光的能量，同化二氧化碳和水，制造有机物并释放氧气的过程，称为光合作用。光合作用所产生的有机物主要是糖类，贮藏着能量。

(2)光合作用的过程

光合作用的过程可用下列方程式来表示。

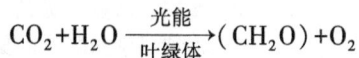

$$CO_2 + H_2O \xrightarrow[\text{叶绿体}]{\text{光能}} (CH_2O) + O_2$$

光合作用可分为需光的光反应和不需光的暗反应两个阶段。光反应是必须在光下才能进行的由光所引起的光化学反应；暗反应是在暗处(也可在光下)进行的由若干酶催化的化学反应。光反应是在类囊体(光合膜)上进行的，而暗反应是在叶绿体的基质中进行的。光合作用的实质是将光能转变成化学能。

根据能量转变的性质，又可将光合作用划分为3个阶段：第一阶段为原初反应(光能的吸收、传递和转换为电能的过程)；第二阶段为电子传递和光合磷酸化(电能转变成活跃化学能的过程)；第三阶段为碳同化(活跃的化学能转变为稳定化学能的过程)。其中，第一、第二阶段需要在有光的情况下才能进行，属于光反应；第三阶段则在光下或暗中均可进行，属于暗反应。

(3)光合作用的意义

①把无机物转化成有机物 植物通过光合作用制造有机物的规模是巨大的。据估计，每年光合作用约固定$2×10^{11}t$碳素，合成$5×10^{11}t$有机物，这是世界上任何其他物质的生产所无法比拟的。绿色植物合成的有机物既满足植物本身生长发育的需要，又为生物界提供食物的来源，人类生活所必需的粮、棉、油、菜、果、茶、药和木材等都是光

合作用的产物。

②蓄积太阳能　绿色植物通过光合作用将无机物转变为有机物的同时，将光能转变为贮藏在有机物中的化学能。目前，工农业生产和日常生活所利用的主要能源如煤、石油、天然气、木材等，都是古代或现代的植物光合作用所贮存的能量。

③维持大气 O_2 与 CO_2 的相对平衡　微生物、植物和动物等在呼吸过程中吸收氧气和呼出二氧化碳，工厂中燃烧各种燃料，也大量地消耗氧气并排出二氧化碳。绿色植物广泛分布在地球上，不断地进行光合作用，吸收二氧化碳和放出氧气，使得大气中的氧气和二氧化碳含量保持稳定，因此绿色植物被认为是一个自动的"空气净化器"。

2. 光合色素

(1) 光合色素的种类

高等植物叶绿体中含有两类光合色素，即叶绿素和类胡萝卜素。叶绿素包括叶绿素 a（蓝绿色）和叶绿素 b（黄绿色）。类胡萝卜素包括胡萝卜素（橙黄色）和叶黄素（黄色）。

叶绿素吸收光的能力极强。如果把叶绿素溶液放在光源和分光镜的中间，就可以看到光谱中有些波长的光被吸收了，因此在光谱上出现黑线或暗带，这种光谱称为吸收光谱。叶绿素吸收光谱的最强吸收区有两个：一个在波长为 640~660nm 的红光部分，另一个在波长为 430~450nm 的蓝紫光部分。在光谱的橙光、黄光和绿光部分只有不明显的吸收带，其中尤以对绿光的吸收最少，所以叶绿素的溶液呈绿色。秋天，叶绿素被破坏，叶黄素显露出来，这是叶子变黄的主要原因。光合色素都不溶于水，而易溶于乙醇、丙酮、石油醚等有机溶剂中，但在不同的溶剂中 4 种色素的溶解度各不相同，利用这一性质可将 4 种色素从植物中提取出来，并且彼此分开。

(2) 影响叶绿素形成的环境因素

①光照　光是影响叶绿素形成的主要因素，叶绿素形成过程中的一些中间产物必须在光照下才能形成。在缺光条件下，不能合成叶绿素，但类胡萝卜素合成不受影响，这样植物就表现橙黄色。这种因缺乏某些条件而影响叶绿素形成，使叶子发黄的现象，称为黄化现象。光线过弱，不利于叶绿素的生物合成。因此，栽培密度过大或由于肥水过多而贪青徒长的植株，上部遮光过多，下部叶片叶绿素分解速率大于合成速率，叶片变黄。

②温度　叶绿素的形成是一系列酶促反应的过程，温度主要影响酶的活性。一般来说，叶绿素形成的最低气温是 2~4℃，最适气温是 30℃左右，最高气温是 40℃。温度不适会抑制酶的活性，从而抑制叶绿素的合成。喜温植物如水稻、棉花在 10℃以下就难以合成叶绿素。秋天叶子变黄和早春寒潮过后水稻秧苗变白等现象，都与低温抑制叶绿素形成有关。

③营养元素　氮（N）与镁（Mg）是叶绿素分子的重要组成成分，铁（Fe）、铜（Cu）、锌（Zn）、锰（Mn）是叶绿素合成中某些酶的活化剂，具有催化作用。植物体内营养元素缺乏时会影响叶绿素的合成，出现缺绿症状。

④氧气　叶绿素的合成与有氧代谢是相联系的，氧气是植物有氧呼吸的必要条件。氧

气缺乏时，呼吸作用减弱，能量供应不足，植物叶片不能合成叶绿素。但一般情况下，地上部不会由于缺氧而影响叶绿素合成。

⑤水分　水是一切生命活动的介质，干旱缺水不仅使叶绿素的合成受到抑制，而且原有的叶绿素也会受到破坏。干旱条件下，植物失水，最先出现的症状就是叶片失绿变黄。

3. 光合作用指标及影响因素

（1）光合作用指标

光合速率亦称光合强度，是指单位时间单位叶面积吸收 CO_2 量或释放 O_2 量，或者是指单位时间单位叶面积积累干物质的量。其单位采用国际制（SI）计量单位，以 $\mu mol\ CO_2/(m^2 \cdot s)$ 表示：$1\mu mol\ CO_2/(m^2 \cdot s) = 1.584mg\ CO_2/(dm^2 \cdot h)$。通常，在测定光合速率时没有把呼吸作用考虑进去，测定的结果实际上是净光合速率或表观光合速率，即真正光合速率与呼吸速率的差值（真正光合速率=净光合速率+呼吸速率）。

（2）影响光合作用的外界因素

①光照　包括光质（光谱成分）及光照强度的影响。自然界中太阳光的光质完全可以满足光合作用的需要，而光照强度则常常是限制光合速率的因素之一。

由图5-1可知，黑暗时，光合作用停止，而呼吸作用不断释放 CO_2，呼吸速率大于光合速率。随着光照增强，光合速率逐渐增加，逐渐接近呼吸速率，最后光合速率与呼吸速率达到动态平衡。同一叶子在同一时间内，光合作用吸收的 CO_2 与呼吸作用放出的 CO_2 等量时的光照强度，称为光补偿点。在光补偿点下，有机物的形成和消耗相等，植物不能积累干物质，而夜间还要消耗干物质，因此从全天来看，植物所需的最低光照强度必须高于光补偿点，才能使植物正常生长。一般来说，喜光植物的光补偿点为 $500 \sim 1000lx$，而喜阴植物的光补偿点则小于 $500lx$。

当光照强度在光补偿点以上继续增加时，光合速率呈比例增加，但超过一定范围之后，光合速率的增加变慢。当达到某一光照强度时，光合速率不再增加，这种现象称为光饱和现象，刚出现光饱和现象时的光照强度称为光饱和点，此时的光合速率达到最大值。

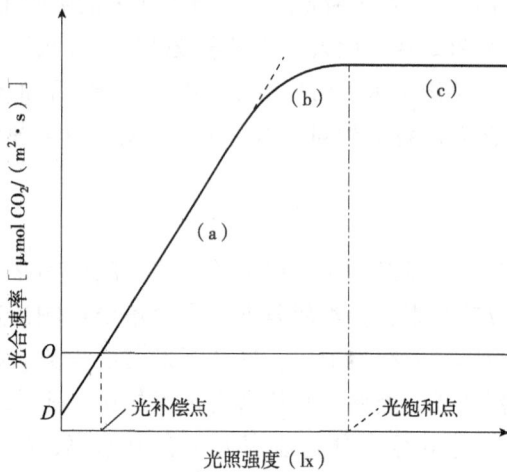

图5-1　光照强度-光合速率曲线模式图
（李合生，2000）

注：（a）为比例阶段；（b）为过渡阶段；（c）为饱和阶段。

掌握植物光补偿点和光饱和点的特性，在生产实践中具有指导作用。冬季或早春的光照强度低，在温室管理上应避免高温，以降低光补偿点，并且减少夜间呼吸消耗。在大田作物的生长后期，下层叶片处的光照强度往往处于光补偿点以下，生产上除了强调合理密植和调节水肥管理外，整枝、去老叶等措施都能改善下层叶片的通风透光条件。去掉部分处于光补偿点以下的枝叶，有利于增加光合产物的积累。

②CO_2 浓度　其与光合速率的关系类似于光照强度与光合速率的关系，即既有 CO_2 补偿点，也有 CO_2 饱和点。由图 5-2 可以看出，在光下 CO_2 浓度等于零时，光合作用器官只进行呼吸作用，释放 CO_2(图中 A 点)。随着 CO_2 浓度的增加，光合速率增加，当光合作用吸收的 CO_2 量等于呼吸作用放出的 CO_2 量时，即光合速率与呼吸速率相等时，外界的 CO_2 浓度称为 CO_2 补偿点。不同植物的 CO_2 补偿点不同。据测定，玉米、高粱、甘蔗等 C_4 植物的 CO_2 补偿点很低，为 $0 \sim 10\mu L/L$。小麦、大豆等 C_3 植物的 CO_2 补偿点较高，约为 $50\mu L/L$。植物必须在 CO_2 浓度高于 CO_2 补偿点的条件下，才有同化物的积累，才会生长。当空气中 CO_2 浓度超过植物 CO_2 补偿点后，随着 CO_2 浓度提高，光合速率增加；当 CO_2 浓度达到某一范围时，光合速率达到最大值(P_m)，此时的 CO_2 浓度称为 CO_2 饱和点(图中 S 点)。不同植物

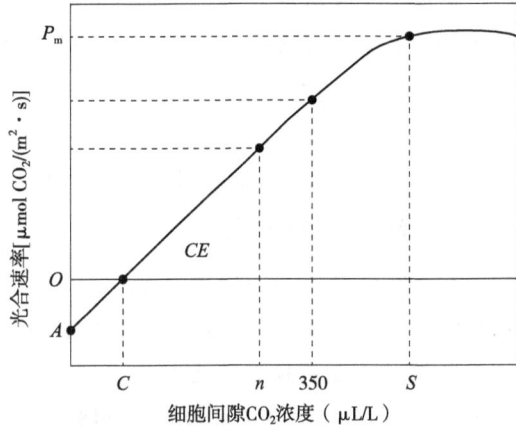

图 5-2　CO_2-光合作用曲线模式图

(王宝山，2006)

注：C 为 CO_2 补偿点；n 为空气浓度下细胞间隙的 CO_2 浓度；350 为与空气浓度相同的细胞间隙 CO_2 浓度(350$\mu L/L$ 左右)。

的 CO_2 饱和点相差很大，C_3 植物的 CO_2 饱和点较 C_4 植物的高。超过 CO_2 饱和点时再增加 CO_2 浓度，光合作用便受抑制。

大气中 CO_2 浓度约为 $350\mu L/L$(即 1L 空气中含 0.69mg CO_2)，一般不能满足作物对 CO_2 的需要。在中午前后光合速率较高时，株间 CO_2 浓度更低，可能降低至 $200\mu L/L$，甚至 $100\mu L/L$。因此，必须有对流性空气，让新鲜空气不断通过叶片，才能满足光合作用对 CO_2 的需要。在平静无风的情况下，或在密植的田块，空气流动受阻，中午或下午常会出现 CO_2 的暂时亏缺。因此，作物栽培管理中要求田间通风良好，目的之一就是保证 CO_2 的供应。在温室栽培中，加强通风，增施 CO_2 可防止出现 CO_2 亏缺；在大田生产中，增施有机肥，经土壤微生物分解释放 CO_2，能有效地提高作物的光合效率。

③温度　光合作用的暗反应是由酶催化的化学反应，而温度直接影响酶的活性，因此温度对光合作用的影响也很大。除了少数的例子以外，一般植物可在 $10 \sim 35℃$ 下正常地进行光合作用，其中以 $25 \sim 30℃$ 最适宜，在 $35℃$ 以上时光合作用就开始减弱，$40 \sim 50℃$ 时即完全停止。植物光合作用的温度三基点因植物种类的不同而不同。一般而言，耐寒植物光合作用的最低温度和最适温度低于喜温植物，而最高温度相近。

光照强度不同，温度对光合作用的影响有两种情况：在强光条件下，光合作用受酶促反应限制，温度成为主要影响因素；在弱光条件下，光合作用受光照强度限制，提高温度无明显效果，甚至会促进呼吸而减少有机物积累。因此，在温室栽培管理上，应在夜间或阴雨天气时适当降温，以提高净光合速率。

④水分　是光合作用的原料之一，缺乏时可使光合速率下降。水分在植物体内的功能是多方面的，光合作用所需的水分只是植物所吸收水分的一小部分(1%以下)。因此，水

分缺乏主要是间接地影响光合作用。具体地讲，缺水使气孔关闭，影响二氧化碳进入叶内；缺水使叶片淀粉水解加强，糖类堆积，光合产物输出缓慢，这些都会使光合速率下降。叶片缺水过度，会严重损害光合进程。因此，水稻烤田，棉花、花生炼苗时，要认真控制炼苗程度，不能过度。

⑤矿质元素　直接或间接地影响植物光合作用的进行。氮(N)、磷(P)、硫(S)、镁(Mg)是叶绿素分子的组成成分，锰(Mn)、氯(Cl)、铁(Fe)、铜(Cu)、锌(Zn)影响光合电子传递和光合磷酸化，钾(K)影响气孔的开闭，钾(K)还与磷(P)、硼(B)影响光合产物的运输和转化，因此合理施肥对保证光合作用的顺利进行是非常重要的。

4. 有机物运输与分配

(1)植物体内有机物的运输系统

植物体内同化物质的运输系统主要有短距离运输和长距离运输两种。短距离运输主要是指细胞内与细胞间运输，距离只有几微米，通过共质体(胞间连丝)和质外体(自由空间)来完成。长距离运输主要是指器官间和组织间的运输，通过输导组织来完成，木质部(导管、管胞)运输水分和无机盐，韧皮部(筛管、筛胞)运输同化产物。

(2)有机物运输形式

植物体内有机物运输的主要形式是蔗糖，蔗糖为双糖，水溶性强，有利于随着叶流运输；植物体内到处存在分解葡萄糖的酶，它们对蔗糖很难起反应，这样保证了蔗糖安全运输；蔗糖的糖苷键水解时产生的能量多，运输效率高；蔗糖的某些性质也有利于侧向运输。

(3)植物体内同化物的分配

①源与库　源(代谢源)是指能制造并向其他器官提供营养物质的部位或器官，如绿色植物的功能叶。库(代谢库)指消耗或贮藏同化物的部位或器官，如植物的幼叶、茎、根以及花、果实、种子等。在同一株植物，源与库是相对的。在某一生育期，某些器官以制造并输出有机物为主，另一些则以接纳有机物为主。前者为源，后者为库。随着生育期的改变，源与库有时会发生变化。如一片叶片，当幼叶不到全展叶的30%时，只有同化物的输入，为库；长到全展叶的30%～50%时，同化物既有输出，又有输入；随着叶片继续长大，只有同化物的输出，转变为源。

②有机物的分配规律

优先供应生长中心　生长中心是指正在生长的主要器官或部位。其特点是代谢旺盛，生长速度快。各种植物，在不同的生育期都有其不同的生长中心。这些生长中心既是矿质元素的输入中心，也是同化物质的分配中心。如水稻、小麦等植物前期主要以营养生长为主，因此根、新叶和分蘖是生长中心；孕穗期是营养生长和生殖生长同时进行阶段，营养器官的茎秆、叶鞘和生殖器官的小穗是生长中心；灌浆结实期，籽粒是生长中心。在农业生产实践中，对棉花、番茄及果树进行摘心、整枝、修剪等，就是改善光合条件和调整有机养分的分配，促进同化物的积累，以提高坐果率和果实产量。

就近供应　叶片所形成的光合产物主要是运至邻近的生长部位。一般来说，植物茎上部叶片光合产物主要供应茎端及其上部嫩叶的生长；而下部叶则主要供应根和分蘖的生长；处于中间的叶片，其光合产物则向上、下部都供应。当形成果实时，所需的养分主要靠最邻近的叶片供应。

纵向同侧供应 用放射性同位素^{14}C供给向日葵叶子，发现只有与该叶片处于同一方向的籽实里才有放射性^{14}C，这是由于输导组织纵向分布所致。在纵向运输畅通的情况下，叶合成的有机物往往只运给同侧的花序或根系，而水和无机盐也是由同一方位的根系供给相同方位的叶片和花序。

5. 光合作用在农业生产中的应用

植物积累的干物质90%～95%来自光合作用，如何充分利用照射到地球上的光能进行光合作用提高农业生产量，成为农业生产中的重要问题。

(1) 提高复种指数

复种指数就是全年内农作物的收获面积与耕地面积之比。提高复种指数就是增加收获面积。提高复种指数的措施是通过轮种、间种和套种等栽培技术，在一年内巧妙地搭配各种作物，从时间上和空间上更好地利用光能，缩短田地空闲时间，减少漏光率。

(2) 补充人工光照

在小面积的温室或塑料棚栽培中，当阳光不足或日照时间过短时，可补充人工光照。日光灯的光谱成分与太阳光近似，而且发热微弱，是较理想的人工光源。但是人工光源耗电太多，会使成本增加。

(3) 增加光合面积

光合面积即植物的绿色面积，主要是叶面积。它是影响产量最大同时又是最容易控制的一个因素。但若叶面积过大，会影响群体中的通风透光。

合理密植 是指使作物群体得到合理发展、具有最适的光合面积和最高的光能利用率，并获得高产的种植密度。合理密植是提高植物光能利用率的主要措施之一。种得过稀，个体发育较好，但群体得不到充分发育，光能利用率低。种得过密，下层叶子受到光照少，光照强度在光补偿点以下，变成消费器官，也会导致减产。

改变株型 比较优良的高产新品种(如水稻、小麦和玉米等新品种)，株型具有共同特征，即秆矮，叶直而小、厚，分蘖密集。通过改善株型，能改善群体结构，增大光合面积，提高光能利用率。

(4) 提高光合效率

增加二氧化碳浓度 空气中的CO_2体积一般占空气体积的0.035%，即含量$350\mu L/L$，这个浓度与多数作物最适CO_2浓度($1000～1500\mu L/L$)相差太远，尤其是随着密植栽培，肥水多，需要的CO_2量就更多，空气中的CO_2量满足不了植物光合作用对CO_2的需求。因此，增加空气中的CO_2量可以显著提高光合速率。在自然条件下增加CO_2浓度是难以控制的，但是增加室内环境(如塑料大棚等)的CO_2浓度是易行的，如燃烧液化石油气，石灰石加废酸进行化学反应，或使用干冰(固体CO_2)等。

减弱光呼吸 水稻、小麦、大豆等C_3植物的光呼吸很显著，消耗光合作用形成的有机物总量的20%～27%。为了提高这些植物的光合产物积累，要设法降低它们的光呼吸。可以利用光呼吸抑制剂抑制光呼吸，提高光合效率。例如，用乙醇酸氧化酶抑制剂，抑制乙醇酸变成乙醛酸。我国也有人将亚硫酸氢钠试用于水稻、小麦、棉花等，亦可提高光合效率。

任务实施

1. 选择测定材料

在田间选择有代表性(如叶片在植株上的部位、叶龄、受光条件等具有代表性)的植株叶片 10~20 片，用小纸牌编号。

2. 叶片基部处理

为了阻止叶片中光合作用产物外运，确保测定结果的准确性，选择下列方法对叶柄进行处理：

(1)环割

环割能将叶柄韧皮部破坏，阻止光合产物外运。适用于韧皮部和木质部容易分开的双子叶植物。对棉花等双子叶植物的叶片可将叶柄的外表环割 0.5cm 左右宽。

(2)烫伤

用刚在开水中浸过的纱布或棉花将叶子基部烫伤一小段。一般用 90℃ 以上的开水烫 20s。此法适用于韧皮部和木质部难以分开处理的小麦、水稻等单子叶植物。

(3)化学环割

用三氯乙酸(一种强烈的蛋白质沉淀剂)点涂叶柄，待渗入叶柄后可将筛管生活细胞杀死，从而起到阻止光合产物外运的作用。三氯乙酸的浓度视叶柄的幼嫩程度而定，以能明显灼伤叶柄而不影响水分供应、不改变叶片角度为宜，一般使用 5% 三氯乙酸。此法适用于叶柄木质化程度低、叶片易被折断的植物。

为了使烫后或环割等处理后的叶片不致下垂改变叶片的自然生长角度，可用锡纸将叶片包裹起来，使叶片保持原来的着生角度。

3. 剪取样品

叶柄处理完毕后，记录时间并开始进行光合作用测定。按编号依次剪下每片处理叶片约 1/2(主脉不剪下)，分别夹于湿润的纱布中，储于暗处。4~5h 后，再依次剪下另外半片叶，同样按编号夹于湿润的纱布中带回室内。两次剪叶的速度尽量保持一致，使各叶片经历相同的光照时数。

4. 称重比较

将各同号叶片的两半叠在一起，在重叠的半叶的中间部位放上适当大小的叶模(如棉花可用 1.5cm×2cm，小麦可用 0.5cm×4cm)，用单面刀片沿着叶模边缘切下两个同样大小的叶块，分别置于标上"光""暗"的两个称量瓶中。在 80~90℃ 下烘至恒重(约 5h)，在分析天平上称重比较。

5. 结果计算

据相等面积的"光"与"暗"两个叶块干重差、叶面积(dm^2)和光照时间(h)，计算光合速率。计算公式如下：

$$净光合速率\left[以干重计，单位为 mg/(dm^2 \cdot h)\right] = \frac{\Delta W}{S \times t}$$

式中　ΔW——干重增加量，mg；

　　　S——切取叶面积总和，dm^2；

　　　t——光照时间，h。

注：叶片储存的光合产物一般为蔗糖和淀粉，可将干物质重量乘以系数 1.5，折算成二氧化碳同化量，则光合速率单位为 mg CO_2/($dm^2 \cdot h$)。

任务考核

光合速率的测定考核参考标准

考核项目	考核内容	考核标准	考核方法	标准分值(分)
基本素质	学习态度	态度认真，学习主动，全勤	单人考核	5
	团队协作	服从安排，与小组其他成员配合好	单人考核	5
任务实施	材料选择	叶片选择具有代表性	单人考核	15
	叶片处理	叶片处理方法正确	单人考核	15
	剪取样品	剪叶方法正确，速度一致	单人考核	10
	称重比较	称量准确	单人考核	15
	计算结果	计算结果准确	单人考核	10
职业素质	方法能力	独立分析和解决问题的能力强，能主动、准确地表达自己的想法	单人考核	5
	工作过程	工作过程规范，有完整的工作任务记录，字迹工整	单人考核	20
合　计				100

知识拓展

1. 植物的"午休"现象

影响光合作用的外界条件时时刻刻都在变化着，所以光合速率在一天中也有变化。在温暖、水分供应充足的条件下，光合速率随着光照强度而变化，呈单峰曲线，即日出后光合速率逐渐提高，中午前达到高峰，以后逐渐降低，日落后光合速率趋于 0。如果白天云量变化不定，则光合速率随着到达地面的光照强度的变化而变化，呈不规则曲线。当光照强烈、气温过高时，光合速率日变化呈双峰曲线，大峰出现在上午，小峰出现在下午，中午前后光合速率下降，呈现"午休"现象。

由于光合"午休"造成的损失可达光合生产的 30%，所以在生产上应适时灌溉、选用抗旱品种等，增强光合能力，避免或减轻光合"午休"现象，从而提高作物产量。

2. "树怕剥皮"的原因

科学家曾用树木枝条做环割试验。将柳树枝环割，把树皮(韧皮部)剥去，几周后发现位于环割区上方的树皮逐渐膨大，形成树瘤，树枝仍可长期继续生长。这表明叶子同化的物质是经韧皮部运输。当韧皮部通路被环割切断时，叶子的同化物下运受阻，停滞在环割切口上端，引起树皮膨大。环割未破坏木质部的连续性，因而根系吸收的水分和矿物质可通过木质部上运至环割枝条的上端而维持其生长。如果环割不宽，切口能重新愈合，恢复将同化物向下运输的能力。如果环割较宽，环割下方又没有枝条，时间一长，下方树皮和根系就会死亡。"树怕剥皮"就是这个道理。

思考与练习

1. 用改良半叶法测定光合速率，导致产生误差的因素有哪些？怎样避免？
2. 光合作用的意义是什么？
3. 光合作用的过程分为哪几个阶段？
4. 影响叶绿素形成的因素有哪些？
5. 影响光合作用的环境因素有哪些？
6. 同化物的分配规律是什么？
7. 生产上提高光能利用率的途径有哪些？

任务 5-2　测定植物呼吸速率

任务目标

了解呼吸作用的概念及生理意义，掌握植物呼吸作用指标的测定技术。能运用呼吸作用的理论指导生产实践活动。

任务准备

学生每 4~6 人一组，每组准备以下材料和用具：发芽的植物种子；0.7% $Ba(OH)_2$ 溶液、酚酞指示剂、0.023mol/L 草酸溶液；托盘天平、广口瓶、温度计、酸滴定管、尼龙纱制作的小篮。

基础知识

呼吸作用是植物的重要生理功能。植物生活细胞无时无刻不在进行呼吸作用，掌握植物呼吸作用的规律，对调节和控制植物的生长发育，从而提高产量、改善品质具有十分重要的意义。

1. 呼吸作用类型

植物的呼吸作用是指植物的生活细胞在一系列酶的作用下，把某些有机物逐步氧化分解，并释放能量的过程。依据呼吸过程中是否有氧的参与，可将呼吸作用分为有氧呼吸和无氧呼吸两大类。

（1）有氧呼吸

生活细胞吸收大气中的氧，将体内的有机物彻底氧化分解，形成 CO_2 和 H_2O，并释放能量的过程，称为有氧呼吸。呼吸作用中被氧化的有机物称为呼吸底物，糖类、有机酸、蛋白质、脂肪都可以作为呼吸底物。一般来说，淀粉、葡萄糖、果糖、蔗糖等糖类是最常利用的呼吸底物。如以葡萄糖作为呼吸底物，则有氧呼吸的总反应可用下式表示：

$$C_6H_{12}O_6 + 6O_2 \longrightarrow 6CO_2 + 6H_2O + 2878.59kJ$$

有氧呼吸是高等植物呼吸的主要形式，通常所说的呼吸作用，主要是指有氧呼吸。

（2）无氧呼吸

无氧呼吸是指生活细胞在无氧条件下，把某些有机物分解成为不彻底的氧化产物，同时释放少量能量的过程。

微生物的无氧呼吸通常称为发酵，如酵母菌在无氧条件下分解葡萄糖产生乙醇（俗称酒精），这个过程称为酒精发酵。高等植物也可发生酒精发酵，如甘薯、苹果、香蕉贮藏时间过长，以及水稻种子催芽时堆积过厚，都会产生乙醇，这便是乙醇发酵的结果。其反应式如下：

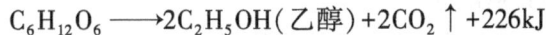

$$C_6H_{12}O_6 \longrightarrow 2C_2H_5OH（乙醇） + 2CO_2 \uparrow + 226kJ$$

此外，乳酸菌在无氧条件下产生乳酸，这种作用称为乳酸发酵。高等植物也可以发生乳酸发酵，如马铃薯块茎、甜菜块根、玉米胚和青贮饲料在进行无氧呼吸时就会产生乳酸。其反应式如下：

$$C_6H_{12}O_6 \longrightarrow 2CH_3CH（OH）COOH（乳酸） + 197kJ$$

2. 呼吸作用的生理意义

（1）作为生命活动的重要指标

呼吸作用是植物生活细胞普遍进行的一种生理活动，当细胞死亡时，呼吸也就停止。因此，常把呼吸作用强弱和有无作为衡量生命活动与代谢强弱的重要标志。

（2）提供植物生命活动所需要的能量

生命活动所需能量都依赖于呼吸作用。例如，细胞对水分和矿质元素的吸收、有机物的合成与运输、细胞的分裂、器官的形成、植物的开花与受精等，都需要呼吸作用提供能量。呼吸作用将有机物进行生物氧化，使其中的化学能以 ATP 的形式贮存起来。当 ATP 在 ATP 酶作用下分解时，再把贮存的能量释放出来，未被利用的能量就转化为热能而散失。

（3）为其他有机物的合成提供原料

呼吸作用的底物氧化分解经历一系列的中间过程，产生许多的中间产物，这些中间产物可以成为合成其他各种重要化合物的原料。例如，蛋白质、核酸、脂肪、糖类等重要有机物的合成，都有赖于呼吸作用的中间产物。因此，呼吸作用与有机物的合成、转化有着密切的联系，成为植物体内新陈代谢的中心。活跃的呼吸作用是植物生命活动旺盛的标志。

（4）提高植物的抗性

植物受伤时，受伤部位的细胞呼吸作用迅速增强，有利于伤口的愈合，防止病菌侵害。植物染病时，病菌分泌毒素危害植物，但染病的组织呼吸作用增强，促使毒素氧化分解。

3. 呼吸作用过程

呼吸作用的过程分为两个阶段：第一个阶段是有机物分解；第二个阶段是电子传递与氧化磷酸化。

（1）有机物分解

不同的植物、同一植物的不同器官或组织在不同的生育时期、不同环境条件下，有机物的分解可以经过不同的途径，当一种代谢途径受阻时，可通过另一种代谢途径继续维持正常的呼吸作用，这是植物对多边环境的一种适应机制。植物呼吸代谢有 3 种途径，分别是糖酵解途径（EMP 途径）、糖酵解-三羧酸循环途径（EMP-TCA 途径）和磷酸戊糖途径（HMP 途径或 PPP 途径），其中糖酵解-三羧酸循环途径（EMP-TCA 途径）是植物体内有机物氧化分解的主要途径。通过 EMP-TCA 途径，呼吸底物被氧化分解为 H_2O 和 CO_2，并且形成了 ATP、$FADH_2$ 和 $NADPH_2$。

（2）电子传递与氧化磷酸化

有机物分解产生的 ATP 可以直接被植物体利用，而 $FADH_2$ 和 $NADPH_2$ 所带电子必须转化为 ATP 以后才能被利用。植物中，$FADH_2$ 和 $NADPH_2$ 所带电子在呼吸链各电子传递体间传递，释放能量，并通过氧化磷酸化作用形成可以被植物利用的 ATP，满足植物体新陈代谢的需要。

4. 呼吸作用生理指标

（1）呼吸强度

呼吸强度也称为呼吸速率，常以单位质量（鲜重或干重）在单位时间内释放 CO_2 的量、吸收 O_2 的量或干（鲜）重损失量来表示。例如，吸收 O_2 的体积/[鲜重（干重）·时间]，单位为 $\mu L/(g \cdot h)$；释放 CO_2 的体积/[鲜重（干重）·时间]，单位为 $\mu L/(g \cdot h)$。

植物的呼吸强度随植物的种类、年龄、器官和组织的不同而不同，一般生长旺盛、幼嫩的器官（根尖、茎尖、嫩根、嫩叶）的呼吸强度高于生长缓慢、年老的器官（老根、老茎、老叶），生殖器官的呼吸强度高于营养器官。

（2）呼吸熵

呼吸熵（RQ）又称呼吸系数，指同一植物组织在一定时间内所释放的 CO_2 量与所吸收的 O_2 量的比值（体积比或物质的量比）。它是表示呼吸底物的性质及氧气供应状态的一个指标。

$$RQ = 释放的 CO_2（物质的量或体积）/[吸收的 O_2（物质的量或体积）]$$

呼吸底物不同，RQ 不同。底物完全被氧化时，可以用呼吸熵的值推测出植物呼吸底物的性质。糖被完全氧化时，$RQ = 1$。脂质相对糖类物质还原程度较高，氧化时需要更多的氧，因而呼吸底物为脂质时，$RQ < 1$，一般为 0.7 ~ 0.8。富含氧的有机酸（氧含量高于

糖)氧化时，$RQ>1$。

5. 呼吸作用影响因素

(1) 内部因素

不同植物组织类型具有不同的呼吸速率(表5-1)。一般来说，代谢不太活跃的组织其呼吸速率较小，如块茎、干种子、体积大的果实、老根和老叶。

表 5-1　不同植物组织或器官的呼吸速率

植物组织或器官	呼吸速率[$\mu mol\ O_2/(g \cdot DW \cdot h)$]	植物组织或器官	呼吸速率[$\mu mol\ O_2/(g \cdot DW \cdot h)$]
豌豆种子	0.005	海芋佛焰花序	2000
大麦幼苗	70	马铃薯块茎	3~6
番茄根尖	300	玉米叶	540~680
甜菜切片	50	南瓜雌蕊	290~480
向日葵植株	60	苹果果实	20~50

同一植株的不同器官，呼吸速率不同(表5-2)。大麦干燥种子的呼吸速率很小，萌发中的种子呼吸速率较大，大麦的幼根比叶片呼吸速率要大。

表 5-2　同一植株不同器官的呼吸速率

植物材料	呼吸速率[$mL\ O_2/(g \cdot FW \cdot h)$]	植物材料	呼吸速率[$mL\ O_2/(g \cdot FW \cdot h)$]
大麦干谷粒	0.06	大麦根	1220
大麦正在萌发谷粒	108	大麦叶	266

同一器官在不同龄期，呼吸速率亦有很大的变化。以叶片为例，幼嫩时呼吸较强，成长后就减弱；到衰老的时候，呼吸又有所增强；到衰老后期，呼吸则非常微弱(图5-3)。果实(如苹果、香蕉、杧果)的呼吸速率在不同的龄期中，也有同样的变化。嫩果呼吸最强，后随果龄增加而减弱，但在后期会突然增强。

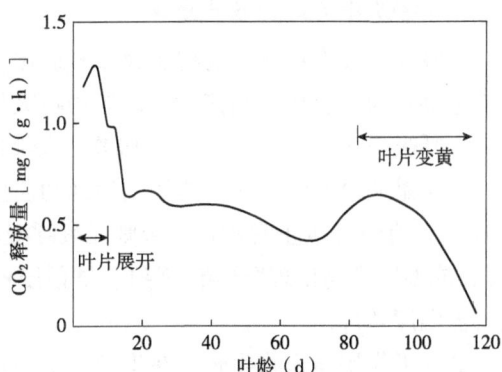

图 5-3　叶片的呼吸作用
(陈忠辉，2012)

(2) 外部因素

对呼吸速率产生影响的主要外界因素有温度、氧气、二氧化碳、水分和机械损伤。

① 温度　过高或过低都会影响酶活性，进而影响呼吸速率。呼吸作用的温度有其最低点、最适点和最高点。最适温度是指保持稳态的最高呼吸强度时的温度，一般为25~35℃(温带植物)，稍高于同种植物光合作用的最适温度。最低温度则因植物种类不同而有很大差异。一般植物在0℃时呼吸进行得很慢，但冬小麦在-7~0℃仍可进行呼吸。有些多年生越冬植物在-25℃仍进行呼吸，但在夏天温度低于-4℃时就不能忍受低温而停止呼吸。最高温度一般为35~45℃。高温在短时间内可使呼吸速率迅速提高，但随着时间延长，呼吸

速率迅速下降。在最低温度与最适温度之间，呼吸速率总是随温度的增高而加快。超过最适温度，呼吸速率则会随着温度的增高而下降。

②氧气　其浓度影响着呼吸速率。当氧气浓度低于20%时，呼吸速率开始下降。氧气浓度还影响着呼吸类型。在氧气浓度下降时，有氧呼吸减弱，而无氧呼吸则增强。短时期的无氧呼吸对植物的伤害还不大，但无氧呼吸时间过长，植物就会死亡。随着氧气浓度的提高，有氧呼吸增强，此时呼吸速率增加，但氧气浓度增加到一定程度时对呼吸作用则没有促进作用。

③二氧化碳　是呼吸作用的最终产物。当外界环境中的二氧化碳浓度增加时，呼吸速率便会减慢，说明二氧化碳对呼吸有抑制作用。当CO_2浓度高于5%时，呼吸作用受明显抑制；达10%时，可使植物死亡。在生产中，果蔬贮藏时可通过适当提高CO_2浓度来抑制呼吸作用，进而延缓衰老，延长果蔬保存期。

④水分　整体植物的呼吸速率一般是随着植物组织含水量的增加而升高。干种子呼吸很微弱，当其吸水后呼吸迅速增强。当植株受干旱接近萎蔫时，呼吸速率有所增强，而在萎蔫时间较长时，呼吸速率则会下降。

⑤机械损伤　明显促进组织的呼吸作用，这是因为：机械损伤使原来氧化酶与其底物的间隔受到破坏，酚类化合物被迅速氧化，并使得糖酵解和其他氧化分解代谢过程加快；机械损伤使某些细胞转变为分生组织状态，形成愈伤组织去修补伤处，这些生长旺盛的生长细胞其呼吸速率会比原来休眠或成熟组织细胞要大得多。因此，在采收、包装、运输和贮藏多汁果实、蔬菜和花卉时，应尽量防止机械损伤。

6. 呼吸作用在农业生产上的应用

(1) 呼吸作用与作物栽培

呼吸作用在作物体内的物质吸收、运输和转变方面起着十分重要的作用，因此许多栽培措施都是为了直接或间接地保证作物呼吸作用的正常进行。

①呼吸作用与浸种催芽　呼吸作用影响种子的发芽和幼苗生长。如水稻的浸种、催芽、育苗是通过对呼吸作用的控制达到幼苗生长健壮的目的。经常换水和翻动，目的是补充O_2，使有氧呼吸正常进行。否则无氧呼吸增强，乙醇积累，造成乙醇中毒（又称酒精中毒），或温度升高出现"烧苗"现象。早稻浸种时用温水冲淋以提高温度，可以保证呼吸作用所需温度条件。

②呼吸作用与作物生长　在生产中，通过中耕松土、水稻移栽后的露田和晒田等，可改善土壤通气条件，增加土壤中氧的供应，使根系呼吸作用旺盛，从而使根系发达，植株生长良好。

③呼吸作用与作物产量　生产上通过栽培措施将植物的呼吸强度调整到合适的范围，有利于植物生长，增加产物积累。例如，园艺植物大棚栽培时，炎热的夏天要掀开设施外面的棚膜，降低大棚内的温度，以降低呼吸消耗，保证植物正常生长。又如，早稻灌浆成熟期正处于高温季节，可以灌"跑马水"降温，以减少呼吸消耗，有利于种子成熟。

(2) 呼吸作用与粮食贮藏

粮食在贮藏期间，仍是具有生理活性的有机体，又处于各种环境条件的影响之下，这些内外因素都与粮食的安全贮藏有密切关系。若粮食的呼吸作用旺盛，干物质损耗和营养成分的分解就多，放出的热量和水分使粮堆发热、湿度增高，又进一步促使呼吸增强，同时为微生物活动提供适宜的条件，从而引起粮食霉烂、变质。

因此，在贮藏过程中，必须降低种子的呼吸强度，确保安全贮藏。粮食入库前，日光暴晒和机械烘干两种方法均可降低含水量。贮藏时，要注意库房的通风降温，利用低温限制害虫、微生物的活动，并减弱粮食的呼吸作用，以达到粮的安全贮藏。此外，惰性气体有助于减弱呼吸作用，所以在密闭条件下，可以采用低氧（1%以下）、高氮（99%）或高二氧化碳（40%以上）气体保存粮食。

（3）呼吸作用与果蔬保鲜

果实和蔬菜贮藏与种子贮藏不同，需要保持一定的水分，使果实、蔬菜呈新鲜状态。某些果实发育到一定时期，其呼吸速率会突然增高，然后又突然下降，此时果实成熟。果实成熟前呼吸速率突然升高的现象称为呼吸跃变现象（也称为呼吸高峰）。它与果实内乙烯释放有关，因为乙烯可增加细胞的透性，使 O_2 进入，加快细胞内有机物的氧化分解，促进果实成熟。呼吸跃变可改善品质，如使果实变软、变甜等。呼吸跃变明显的果实有苹果、梨、香蕉、番茄等，呼吸跃变不明显的有柑橘、葡萄、瓜类、菠萝等。

呼吸跃变的出现与果实中贮藏物质的水解是一致的，达到呼吸跃变时，果实进入完全成熟阶段，此时果实的色、香、味俱佳，是食用的最好时期。过了此时期，果实将要腐烂而失去食用价值。因此，推迟呼吸跃变可以延长果实的贮藏期限。肉质果实贮藏保鲜时，可适当降低温度以推迟呼吸跃变的出现，从而推迟成熟，延长保鲜期。降低氧浓度和贮藏温度，增加 CO_2 浓度（但不能超过10%，否则果实中毒变质）以减弱呼吸作用，可促进果实长期保存。如苹果、梨、柑橘等果实在0~1℃条件下可贮藏几个月；又如番茄装箱，用塑料布密封，抽去空气，充以氮气，把氧气浓度降至3%~6%，可贮藏3个月以上。

任务实施

测定呼吸速率的方法很多，可以分成两大类：测定吸收 O_2 或放出 CO_2 的速率。前者有测压法、氧电极法；后者有小篮子法、红外线 CO_2 气体分析仪（IRGA）测定法等。测压法、氧电极法是测定植物呼吸过程对 O_2 的吸收速率，样品用量少，且精确度高。小篮子法简单、快速，根据两次滴定（实验和空白）使用草酸量之差，即可计算出在测定时间内呼吸作用所放出 CO_2 的量。利用红外线 CO_2 气体分析仪测定植物呼吸速率较准确，常用于科学研究。

1. 配制草酸溶液

准确称取重结晶的草酸（$H_2C_2O_4 \cdot 2H_2O$）2.8652g 溶于蒸馏水，定容至1000mL。每毫升溶液相当于含有1mg 的 CO_2。

2. 准备测定装置

取容量250~500mL 的锥形瓶或药品瓶4个，各加1个双孔或单孔橡皮塞（本实验采用

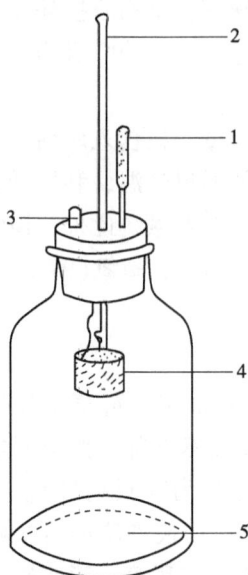

图5-4 呼吸作用测定装置

1. 碱石灰 2. 温度计 3. 小橡皮盖
4. 铁丝篮 5. Ba(OH)₂溶液

单孔橡皮塞，供滴定之用）。橡皮塞下有小钩，用以挂纱布袋。4个瓶分别加入0.7% $Ba(OH)_2$ 溶液20mL，用瓶塞塞好（图5-4）。

称取干小麦种子3g（约50粒），再取同样数量的发芽种子两份，分别装入纱布袋内，然后分别放入瓶内，挂在瓶塞下，使装有种子的纱布袋悬在瓶中，不要与瓶底的溶液接触。未放入种子那一个瓶作对照。将一个有发芽种子、干种子的瓶和空白瓶放在室温下，另一个有发芽种子的瓶置于35~40℃环境中。

3. 测定

装置好后，立即记下时间，每隔2~3min轻轻摇一次，20~30min后小心把种子取出，再迅速把瓶塞塞好，充分摇匀2min，使瓶内 CO_2 充分被 $Ba(OH)_2$ 吸收中和，然后各瓶加酚酞液2~3滴，摇匀后用草酸滴定，至红色刚刚消失为止。准确记录各瓶所用草酸的量。

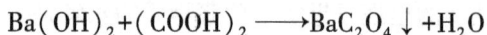

$$Ba(OH)_2 + CO_2 \longrightarrow BaCO_3 \downarrow + H_2O$$
$$Ba(OH)_2 + (COOH)_2 \longrightarrow BaC_2O_4 \downarrow + H_2O$$

4. 结果计算

依照下式计算每100g小麦每小时放出 CO_2 的量［单位为 mg CO_2/(100g·h)］。

$$呼吸强度 = \frac{空白滴定值 - 正式滴定值}{种子质量(g) \times 测定时间(min)} \times 60 \times 100$$

任务考核

植物呼吸速率的测定考核参考标准

考核项目	考核内容	考核标准	考核方法	赋分(分)
基本素质	学习态度	态度认真，学习主动，全勤	单人考核	5
	团队协作	服从安排，与小组成员配合好	单人考核	5
任务实施	配制草酸溶液	操作规范，配制的草酸溶液浓度准确	单人考核	15
	准备测定装置	测定装置安装准确。装有种子的纱布袋悬在瓶中，不能与瓶底的溶液接触	单人考核	20
	测定	缓慢滴定，不断轻轻摇动锥形瓶下部	单人考核	15
	结果计算	公式熟练，计算结果准确	单人考核	15
职业素质	方法能力	独立分析和解决问题的能力强，表达准确	单人考核	5
	工作过程	工作过程规范、认真	单人考核	20
合　计				100

知识拓展

音乐也能促进植物生长

法国一位科学家无意中发现美妙动听的音乐可以使农作物增产。在他的声学实验室周围的农田里，距离实验室越近的农作物生长越茂盛。同样一个蔬菜品种，实验室旁的植株又大又粗，远处的植株则相对又小又瘦。他问农民是否施肥不匀，农民摇摇头。在他回到实验室时，打开音响后一曲美妙动听的音乐立即传送出来。他猜想是不是音乐刺激了农作物生长，并觉得有必要试一试。于是，他找到一个农民与他合作，给一个长在棚架上的番茄戴上耳机，每天播放音乐给它听，平均每天听 3 次，共计 3h。没想到这个番茄猛长，竟一下子长到 2000g，有小南瓜那么大；而没有戴耳机的番茄，个头则很平常。后来的研究表明，由于植物表面的气孔会因音乐的声波增大，有利于二氧化碳、氧气和水分的进出，使光合作用和蒸腾作用加强。不同的植物对音乐的敏感程度不一样。科学家对植物的最佳声频进行研究后，再把不同的植物以不同频率的超声波进行刺激，以获得高产。

思考与练习

1. 什么是呼吸作用？呼吸作用有几种类型？各有什么特点？
2. 简述呼吸作用的生理意义。
3. 影响呼吸作用的因素有哪些？
4. 小麦、水稻、玉米、高粱等粮食贮藏之前为什么要晒干？
5. 低温贮藏为什么能起果实保鲜作用？

任务5-3 测定植物蒸腾速率

任务目标

认识植物体内水分的存在状态和生理功能，掌握植物的吸水方式、气孔运动规律及蒸腾作用的特点。掌握作物的需水规律和在生产上的保障措施。

任务准备

学生每 4~6 人一组，每组准备以下材料和用具：各种植物幼嫩叶；氯化钴溶液（准确地称取 5g 氯化钴，溶于 100mL 蒸馏水中）；电子天平（感量 0.001g）、计时器、干燥器、恒温干燥箱、干燥管、剪刀、镊了、蒸腾夹装置、滤纸等。

基础知识

生命离不开水，植物的一切生命活动只有在含有一定水分的条件下才能进行，否则就会生长不良，甚至死亡。农谚说，"有收无收在于水"，可见水在植物的生命活动中十分重要。植物对水分的吸收、水分在植物体内的运输、植物对水分的散失构成了植物的水分代谢，保持植物体内的水分代谢平衡是提高作物产量和改善作物品质的重要前提。

1. 植物含水量

植物含水量主要与植物种类、器官、组织以及生活环境条件有关。一般地，生长活跃和代谢旺盛的组织和细胞的含水量高，如水生植物含水量高于陆生植物，耐阴植物含水量高于喜光植物。根尖和茎尖的含水量可达 80%～90%，树干的含水量常常维持在 40%～50%，风干种子的含水量仅为 10%～15%，油料植物种子含水量在 10% 以下。

2. 植物体内水分的存在状态

植物细胞中，水通常以两种状态存在。靠近原生质胶体颗粒而被胶体颗粒吸附、不能自由移动的水分称为束缚水，如干燥种子中所含的水分是束缚水。远离原生质胶粒，吸附不紧密，能自由流动的水分子称为自由水。束缚水决定植物的抗逆能力，束缚水越多，原生质黏性越大，植物代谢活动越弱，有助于植物渡过外界不良环境条件。自由水可直接参与植物的光合、呼吸和生长等生理代谢过程。

植物细胞内的水分存在状态经常处在动态变化之中，随着代谢的变化，自由水与束缚水的比值也相应发生变化。自由水与束缚水比值高时，植物代谢旺盛，生长快，但抗逆性差；反之，植物生长缓慢，其抗逆性强。

3. 水分对植物的生理作用

（1）水是原生质的重要组成成分

原生质的含水量一般在 70%～90%，使细胞质呈溶胶状态，保证旺盛的代谢活动正常进行；随着细胞含水量减少，原生质胶体由溶胶状态向凝胶状态转变，生命活动就大大减弱，如休眠的种子；若植物细胞失水过多，导致原生质胶体结构受损甚至被破坏，植物也会逐渐死亡。

（2）水是生命活动的介质和参与者

植物的代谢活动都是在水溶液中进行的，如土壤中的无机营养只有溶解于水中才能被植物吸收；植物体内营养物质的运输、代谢废物的排除、激素的传递以及生命赖以存在的各种生物化学过程，都必须在水溶液中才能进行，而各种物质也都必须以溶解状态才能进出细胞。水分也是生命活动的参与者。如水是光合作用的原料之一；植物的水解作用也必须有水参加；蒸腾作用也离不开水。

（3）水分维持了细胞及组织的紧张度

水分充足使植物细胞及组织处于紧张状态，维持其姿态挺拔，有利于进行各种生命活动。如使根系下扎，便于吸水、吸肥；使叶片展开，有利于充分接受阳光进行光合作用；使保卫细胞处于紧张状态，促使气孔张开，顺利地进行气体交换；使花开放，便于传粉和受精等。

（4）水可以调节植物的体温

水的比热容大，当外界环境温度骤变时，可以放出或吸收大量的热量，从而使富含水分的植物体温度变幅较小。水的汽化热高，在炎热的夏天，植物会散失大量水分，水由液态变为气态会吸收大量热量，使得植物体温下降。

4. 植物对水分的吸收

（1）细胞吸水

植物的生命活动是以细胞为基础的，一切生命活动都是在细胞内进行的，植物对水分的吸收最终取决于细胞之间的水分关系。细胞对水分的吸收有渗透吸水和吸胀吸水两种方式，其中渗透吸水是细胞吸水的主要方式。

①渗透吸水　是指植物细胞通过渗透作用进行的吸水过程。植物细胞形成液泡以后，主要靠渗透作用进行吸水，其根本原因与水势有关，这种现象可以通过渗透实验来说明（图 5-5）。

把种子的种皮紧缚在漏斗上，注入蔗糖溶液，然后把整个装置浸入盛有清水的烧杯中，使漏斗内、外液面相等。由于种皮是半透膜（水分子能通过而蔗糖

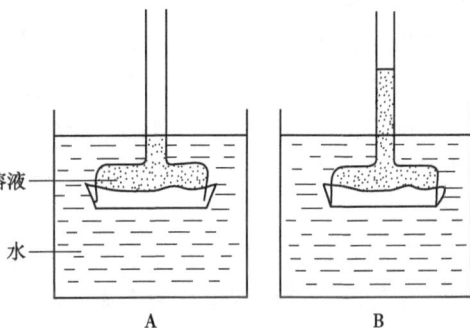

图 5-5　渗透现象

A. 实验开始时　B. 经过一段时间

分子不能透过），所以整个装置就成为一个渗透系统。在该渗透系统中，水的移动方向决定于半透膜（种皮）两侧溶液的水势高低，由水势高的溶液流向水势低的溶液。由于清水的水势高，蔗糖溶液的水势低，水分从清水向蔗糖溶液中移动，最后液面不再上升，实质是水分进出的速度相等，呈动态平衡。水分从水势高处通过半透膜向水势低处移动的现象，称为渗透作用。

植物细胞是一个渗透系统。植物细胞的细胞壁主要由纤维素组成，是一种水分和溶质分子都能透过的膜；活细胞的质膜和液泡膜则具有选择透性，只能通过水分子，而溶质分子不容易通过，可以看成半透膜。具有液泡的细胞，主要靠渗透吸水。当与外界溶液接触时，细胞能否吸水取决于细胞液与外界溶液的水势差。当外界溶液的水势大于细胞液的水势时，植物细胞正常吸水；当外界溶液的水势小于细胞液的水势时，植物细胞失水；当细胞液与外界溶液的水势相等时，植物细胞既不吸水也不失水，暂时达到动态平衡。

当外界溶液的浓度很大，使细胞严重失水时，液泡体积变小，原生质和细胞壁跟着收缩，但由于细胞壁的伸缩性有限，当原生质继续收缩而细胞壁停止收缩时，原生质便慢慢脱离细胞壁，这种现象称为质壁分离（图 5-6）。把发生

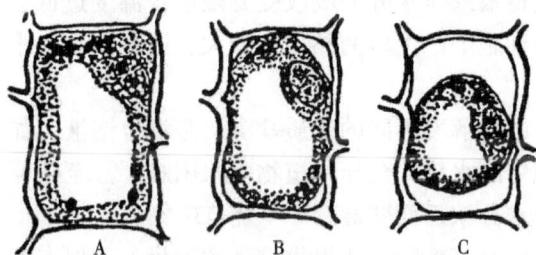

图 5-6　植物细胞的质壁分离现象

（顾立新和崔爱萍，2019）

A. 正常细胞　B. 初始质壁分离　C. 原生质体与细胞壁完全分离

质壁分离的细胞放在水势较高的清水中，水分便进入细胞，液泡变大，使整个原生质慢慢恢复原来的状态，这种现象称为质壁分离复原。

②吸胀吸水　植物细胞的吸胀吸水就是靠吸胀作用吸水，主要发生在无液泡的细胞。干燥种子的细胞中，纤维素、淀粉粒、蛋白质等大分子对水分子的吸引力非常强，它们吸收水分子的作用就是吸胀作用。其中，蛋白质类物质亲水性最强，淀粉次之，纤维素较弱。因此，大豆等富含蛋白质的豆类种子吸胀现象比禾谷类淀粉质种子要显著。

（2）植物吸水

植物吸收水分的主要器官是根系，根系吸水的主要部位是根尖的幼嫩部分，其中根毛区吸水能力最强。

①根系吸水的方式　植物根系吸水主要有以下两种方式：主动吸水和被动吸水。

主动吸水　根毛细胞吸收养分，使得细胞液浓度增大，细胞水势低于土壤溶液水势，根毛细胞从土壤中吸水。水分的不断增多造成了一种沿着导管上升的压力，称为根压。根压的形成导致水分不断从根系向上运输，这种以根压作为吸水动力进行的吸水为主动吸水。

主动吸水可通过伤流和吐水现象说明。将植物的茎从靠近地面的部位切断，切口处不久会流出汁液，这种现象称为伤流，若在切口处连接一个压力计，可测出一定的压力，这是由根部活动引起的，与地上部分无关。小麦和油菜等植物在土壤水分充足、土温较高、空气湿度大的早晨，从叶尖或叶缘水孔溢出水珠的现象称为吐水。

被动吸水　植物幼苗时期主要靠主动吸水，当植物长成后，主动吸水已不能满足生长的需求，这时的植物主要靠被动吸水。当植物进行蒸腾作用时，水分从叶片的气孔和表皮细胞表面蒸腾到大气中，叶肉细胞失水，导致水势降低，叶肉细胞便从叶脉导管吸水，叶脉导管连接茎的导管、根的导管，它们都是中空的死细胞，水分便从根系不断沿着导管上升，形成一个连续的水柱，由于根细胞内水分不足，根系便从土壤中吸水。这种由植物的蒸腾作用造成的吸水称为被动吸水。因蒸腾作用所产生的吸水力量称为蒸腾拉力。

②影响根系吸水的因素

土壤温度　在一定的温度范围内，随着土壤温度的升高，根系中水分运输加快；反之，吸水减弱。但温度过高或过低，对根系吸水均不利。温度过高时，植物新陈代谢平衡被破坏，植物正常生长和呼吸受到阻碍，使得根系对水分的吸收受到限制；温度过低，土壤水分的黏滞性增加，扩散速率减慢，植物细胞中原生质的黏性也加大，透性减小，水分透过阻力加大。

土壤水分状况　土壤水分不是纯水，其中溶解着不同的矿质盐类，是混合溶液。如果土壤中溶液浓度高，土壤中的水势低于细胞中的水势，会导致植物吸水困难，甚至还会发生植物水分向土壤倒流的现象，植株会因为水分缺乏而变黄，产生烧苗现象。

土壤通气状况　土壤通气良好，根系进行有氧呼吸，能提供较多的能量，不但有利于根系主动吸水，而且有利于根尖细胞分裂，促进根系生长，扩大吸收面积。如果土壤积水或板结或其他原因引起土壤通气不良，短期内可使根细胞呼吸减弱，长时间则会引起根系进行无氧呼吸，积累较多的乙醇，使根系中毒。

5. 植物的蒸腾作用

植物吸收的水分除一小部分用于植物代谢之外,大部分水分(约 99.8%)通过蒸腾作用散失掉。水分从植物体散失到外界有两种形式:一是以液体形式散失到体外,如伤流、吐水;二是通过地上部的器官(主要是叶片)以气态散失到大气中,即蒸腾作用,这也是植物水分散失的主要形式。蒸腾作用的过程为:土壤中的水分→根毛→根内导管→茎内导管→叶内导管→叶肉细胞→气孔→大气。

(1)蒸腾作用的意义

①蒸腾作用是植物吸水和水分运输的主要动力 如果没有蒸腾作用产生的拉力,植物较高部位就得不到水分的供应。蒸腾作用还有助于将根部吸收的无机离子以及根中合成的有机物随着蒸腾液流转运到植物体的地上部分。蒸腾拉力对高大乔木尤其重要。

②蒸腾作用能降低植物体的温度 据测定,夏天在直射光下,叶面温度可达 50~60℃,由于水的汽化热比较高,在蒸腾过程中把大量的热量带走,从而降低了叶面的温度,使植物免受高温的伤害。

③蒸腾作用使气孔张开,有利于气体交换 气孔张开有利于光合原料(二氧化碳)的进入和呼吸作用对氧的吸收等生理活动的进行。

(2)蒸腾作用的部位和方式

幼小的植物体,地上部分都能进行蒸腾。木本植物长成以后,其干与枝条表面发生栓质化,只有枝上的皮孔可以蒸腾,皮孔蒸腾量仅占全部蒸腾量的 0.1%,因此蒸腾作用主要是通过叶片进行的。

蒸腾作用的方式有 3 种:气孔蒸腾,即通过植物叶片上的气孔进行的蒸腾;角质层蒸腾,即通过角质层进行的蒸腾,一般植物成熟叶片的角质层蒸腾量只占总蒸腾量的 5%~10%;皮孔蒸腾,木本植物经由枝条的皮孔和木栓化组织的裂缝而散失水分的过程属于皮孔蒸腾。

(3)蒸腾作用的指标

①蒸腾速率 指植物在单位时间内,单位叶面积通过蒸腾作用所散失的水分量,又称为蒸腾强度,单位为 $g/(dm^2 \cdot h)$。大多数植物通常白天的蒸腾速率为 $0.15~2.5g/(dm^2 \cdot h)$,晚上的蒸腾速率为 $0.01~0.2g/(dm^2 \cdot h)$。

②蒸腾效率 指植物每通过蒸腾作用消耗 1kg 水所形成干物质的质量(g)。植物蒸腾效率越大,表示对水分的利用越经济。

③蒸腾系数 指植物每形成 1g 干物质所消耗的水的质量(g)。大多数植物的蒸腾系数在 100~500,蒸腾系数越小,植物对水分的利用率越高。

(4)影响蒸腾作用的因素

①影响蒸腾作用的内部因素 有气孔频度、气孔大小、气孔下腔容积、气孔开度等。气孔频度为每平方毫米叶片上的气孔数,气孔频度大,有利于蒸腾的进行;气孔直径大,内部阻力小,蒸腾快;气孔下腔容积大,蒸腾快;气孔开度大,蒸腾快。反之,则慢。

②影响蒸腾作用的外部因素

光照 使叶片温度提高,加速叶片内水分蒸发,并且使气孔开放,减少蒸腾的阻碍。

大气湿度　对蒸腾的强弱影响极大。大气湿度越小，叶内外蒸汽压差越大，叶内水分子越容易扩散到大气中去，蒸腾越强；反之，蒸腾就越弱。

温度　在一定范围内，大气温度升高，蒸腾速率加快，这是由于在较温暖的环境中，水分子汽化及扩散加快。

风　对蒸腾的影响比较复杂。微风能把叶面附近的水汽吹散，并摇动枝叶，加快了叶内水分子向外扩散，从而促进了蒸腾作用；但强风会使气孔关闭和降低叶温，减少蒸腾。

土壤条件　植物地上部的蒸腾与根系吸水有密切关系，因此各种影响根系吸水的土壤条件如土壤温度、土壤通气、土壤溶液的浓度等，均可间接地影响蒸腾作用。

6. 合理灌溉的生理基础

(1)植物的需水规律

①不同植物对水分的需要量不同　植物的蒸腾系数可以反映植物的需水量，植物种类不同，蒸腾系数不同(表5-3)，需水量有很大差异。在水分较少的情况下，需水量少的植物能制造较多的干物质，因而受干旱影响比较小。生产上常以植物的生物产量乘以蒸腾系数为理论最低需水量，但植物实际需要的灌溉量要比理论值大得多，因为土壤保水能力、降水量及生态需水量的多少等都会对植物的吸水造成影响。

表 5-3　几种主要农作物的蒸腾系数(需水量，g)

作物	蒸腾系数	作物	蒸腾系数
水稻	211～300	油菜	277
小麦	257～774	大豆	307～368
大麦	217～755	蚕豆	230
玉米	174～406	马铃薯	167～659
高粱	204～298	甘薯	248～264

②同一植物不同生育期对水分的需求量不同　一般在苗期需水较少，在开花前的旺盛生长期需水量大，开花结果后需水量逐渐减少。例如，早稻在苗期，由于蒸腾面积较小，水分消耗量不大；进入分蘖期后，蒸腾面积扩大，同时气温逐渐升高，水分消耗量也明显加大；到孕穗开花期，蒸腾量达到最大，耗水量也最多；进入成熟期后，叶片逐渐衰老脱落，耗水量又逐渐减少。

③植物对水分的需求存在水分临界期　植物一生中对水分缺乏最敏感、最易受害的时期，称为水分临界期。一般而言，在水分临界期，植物处于花粉母细胞四分体形成期。这个时期如果缺水，就会使生殖器官发育不正常。小麦一生中有两个水分临界期：第一个水分临界期是孕穗期，这期间小穗分化，代谢旺盛，生殖器官的细胞质黏性与弹性均下降，细胞液浓度很低，抗旱能力最弱，如果缺水，则小穗发育不良，特别是雄性生殖器官发育受阻或畸形发展。第二个水分临界期是从开始灌浆到乳熟末期。这个时期营养物质输送到籽粒，如果缺水，一方面影响叶的光合速率和寿命，减少有机物的制造；另一方面使有机物质液流运输变慢，造成灌浆困难，空瘪粒增多，产量下降。其他农作物也有各自的水分

临界期，如大麦在孕穗期，玉米在开花至乳熟期，高粱、稷在抽花序到灌浆期，豆类、荞麦、花生、油菜在开花期，向日葵在花盘形成至灌浆期，马铃薯在开花至块茎形成期，棉花在开花结铃期。由于水分临界期缺水对产量影响很大，因此在农业生产上必须采取有效措施，确保农作物水分临界期的水分供应。

（2）合理灌溉的指标

植物是否需要灌溉可依据土壤含水量、植物形态、植物生理等指标加以判断。

①土壤含水量指标　植物灌溉一般是根据土壤含水量来进行，即根据土壤墒情决定。一般来说，适宜作物正常生长发育的根系活动层（0~90cm），其土壤含水量为田间最大持水量的60%~80%，如果低于此含水量，应及时进行灌溉。土壤含水量对灌溉有一定的参考价值，但是由于灌溉的对象是作物，而不是土壤，所以最好以作物本身的情况作为灌溉的直接依据。

②植物形态指标　我国农民自古以来就有看苗灌水的经验。即根据作物在干旱条件下外部形态发生的变化来确定是否进行灌溉。植物缺水时，其形态表现为：幼嫩的茎叶在中午发生暂时萎蔫，导致生长速率下降，茎叶变暗、发红，这是因为干旱时生长缓慢，叶绿素浓度相对增大，使叶色变深，同时糖的分解大于合成，细胞中积累较多的可溶性糖并转化成花青素，花青素在弱酸条件下呈红色。如棉花开花结铃时，叶片呈暗绿色，中午萎蔫，叶柄不易折断，嫩茎逐渐变红，当上部3~4节间开始变红时，就应灌水。形态指标易于观察，但从缺水到引起作物形态变化有一个滞后期，当植物在形态上表现受旱或缺水症状时，其体内的生理生化过程早已受到水分亏缺的危害，这些形态症状只是生理生化过程改变的结果。因此，更为可靠的灌溉指标是生理指标。

③植物生理指标

叶水势　当植物缺水时，叶水势下降。当叶水势下降到一定程度时，就应及时灌溉。

植物细胞汁液的浓度　干旱情况下植物细胞汁液浓度比水分供应正常情况下高，当细胞汁液浓度超过一定值时，就应灌溉，否则会阻碍植株生长。

气孔开度　水分充足时气孔开度较大，随着水分的减少，气孔开度逐渐缩小；当土壤可利用水耗尽时，气孔完全关闭。因此，气孔开度缩小到一定程度时就要灌溉。

叶温-气温差　缺水时叶温-气温差加大。可以用红外测温仪测定作物群体温度，计算叶温-气温差，确定灌溉时机。

植物灌溉的生理指标因栽培地区、时间、植物种类、植物生育期的不同而异，甚至同一植株不同部位的叶片也有差异。因此，在实际运用时，应结合当地的情况，测出不同植物的生理指标阈值，以指导合理灌溉。在灌水时尤其要注意看天、看地、看苗情，不能用某一项生理指标生搬硬套。

任务实施

1. 制备氯化钴纸

取优质滤纸，剪成8cm²的小块，将其浸入盛有5%氯化钴溶液的医用瓷盘中，待浸透后取出平铺在干洁的玻璃板上，置于60~80℃恒温干燥箱中烘干。选取颜色均匀一致的钴纸，用打孔器打下面积为0.5cm²的钴纸圆片，再放入恒温干燥箱中烘干，装入干燥管，放入干燥器中待用。

2. 钴纸标准化

使用前应先将钴纸进行标准化，测出每一钴纸圆片由蓝色转变成粉红色所吸收的水分。取一片钴纸圆片置于电子天平上称量并记下时间，之后每隔1min记一次质量，当钴纸颜色全部变为粉红色时，立即准确记下质量和时间，算出钴纸圆片由蓝色变为粉红色时的平均吸水量(单位为mg)，作为钴纸圆片的标准吸水量。

3. 测定蒸腾强度

用镊子从干燥管中迅速夹取一片钴纸圆片，放入蒸腾夹装置的橡皮小孔中，立即把待测植株的叶片卡在蒸腾夹中相应位置上夹紧，同时记录时间，注意观察钴纸圆片的颜色变化，待钴纸圆片变为粉红色时记下时间。

既可选择不同植物的功能叶片，或同一植物不同部位的叶片测定其蒸腾强度，也可在不同环境条件下测定植物的蒸腾强度。每种材料重复测定3次。

4. 结果计算

计算所测植物蒸腾强度的平均值[单位为$mg/(cm^2 \cdot min)$]。

任务考核

植物蒸腾强度测定考核参考标准

考核项目	考核内容	考核标准	考核方法	赋分(分)
基本素质	学习态度	态度认真，学习主动，全勤	单人考核	5
	团队协作	服从安排，与小组成员配合好	单人考核	5
任务实施	制备氯化钴纸	制备方法正确，操作熟练	小组考核	15
	钴纸标准化	方法正确，操作规范	小组考核	15
	测定蒸腾强度	测定规范，并重复测定3次	小组考核	20
	结果计算	公式熟练，计算结果准确	小组考核	15
职业素质	方法能力	独立分析和解决问题的能力强，表达准确	单人考核	5
	工作过程	工作过程规范、认真	单人考核	20
合　计				100

知识拓展

沙漠地区的植物

生活在沙漠中的植物被称为沙漠植物，它们的顽强生命力令人惊叹。

由于沙漠地区气候干燥，冷热变化剧烈，风大沙多，日照强烈，生长在这种环境中的植物，有的为了减少蒸腾耗水量和光合作用耗水量，其叶片面积大大缩小甚至完全退化，只能靠绿色的枝条来进行光合作用，如红砂茎枝上的小叶退化成圆柱形，梭梭和红柳的叶子变成鳞片状。有的植物叶子变为肉质状，可以储存大量的水分。还有的植物叶子上有白色的茸毛，可以保护叶子免受高温强光的威胁。而胡杨的叶子更为奇特，一株树上就有 40 多种叶形，甚至同一枝条上就长了 5 种不同形状的叶子。这些千姿百态的叶子，对于植物适应沙漠干旱酷热的环境相当有利。

受到水分及营养物质缺乏、风大、日照强烈等因素的影响，沙漠植物地上部分的生长受到限制，很多植株都较为低矮，有些植物如木旋花、骆驼刺的枝条硬化。有的枝干上长了一层光滑的白色蜡皮，如沙拐枣、白刺等，蜡皮能够反射光线，避免植物体温度升高所带来的蒸腾过旺。仙人掌有"沙漠英雄花"的美名，它在干旱的沙漠中生存，有着惊人的忍受干旱的能力，这是因为它有特殊的贮存水分的茎，同时它的叶子退化成针刺状，可大大减少水分蒸发。

沙漠植物耐沙暴、沙埋。如红柳、沙蒿等植物的枝干被沙埋后，能够生出不定根阻拦流沙；白刺在风蚀之后，有很多的根系都暴露在外面，能够积阻几立方米至上千立方米不等的沙堆。

思考与练习

1. 植物施肥后一般要求灌一次透水，为什么？
2. 植物为什么能从土壤中吸收水分？
3. 水分对植物的作用有哪些？
4. 植物体内的水分存在状态有几种？
5. 植物细胞的吸水方式有哪些？
6. 什么是蒸腾作用？植物进行蒸腾作用的部位是什么？
7. 植物合理灌溉的指标是什么？

项目 6　认知及调控植物生长发育

　　植物生长发育是植物生命活动中十分重要的生理过程，包括生长、发育和分化 3 个既有联系又有区别的生命过程。生长是植物体体积和重量的不可逆增加，是量的变化，是通过细胞的分裂和伸长来实现的。根、茎、叶等体积和重量的增加，整个植物体的由小到大，都是生长的过程。分化是同质的细胞转变为形态、机能、化学结构等异质的细胞，即植物的差异性生长，为质变过程。分化在细胞水平、组织水平和器官水平上均可表现出来，一般与生长并存。如花芽和叶芽的分化、茎和根的分化等。发育是指在整个生命活动周期中，植物的结构和生理机能从简单到复杂的变化过程，是质的变化，是通过细胞的分化而导致组织、器官的分化和形成来实现的。如根、茎、叶的形成，植株由营养生长向生殖生长转变而产生花、果实、种子等，都是发育。

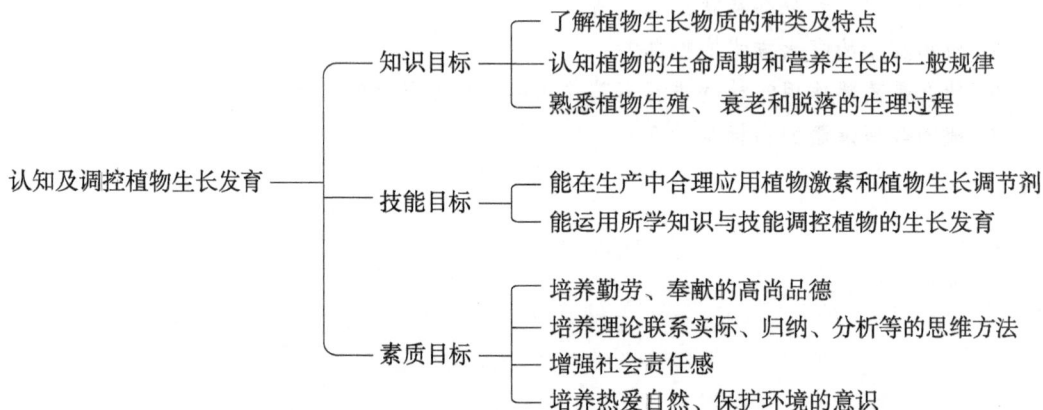

认知及调控植物生长发育

- 知识目标
  - 了解植物生长物质的种类及特点
  - 认知植物的生命周期和营养生长的一般规律
  - 熟悉植物生殖、衰老和脱落的生理过程
- 技能目标
  - 能在生产中合理应用植物激素和植物生长调节剂
  - 能运用所学知识与技能调控植物的生长发育
- 素质目标
  - 培养勤劳、奉献的高尚品德
  - 培养理论联系实际、归纳、分析等的思维方法
  - 增强社会责任感
  - 培养热爱自然、保护环境的意识

任务 6-1　认识植物生长物质

🌲 任务目标

了解植物激素和植物生长调节剂的种类和特点，熟悉生长素、赤霉素、细胞分裂素、乙烯和脱落酸的生理效应，掌握植物生长调节剂的作用和农业应用。

任务准备

学生每 4~6 人一组，每组准备以下材料和用具：小麦种子、萝卜种子；饱和漂白粉溶液、0.1mg/mL 吲哚乙酸、1mol/L HCl、10mg/L 6-BA 母液、乙醇、蒸馏水；滤纸、培养皿、25℃暗室、尼龙网、小瓷缸、小镊子、具塞试管、电子天平、移液管、黑暗培养箱、光照培养箱。

基础知识

在植物的生长发育过程中，除了需要水分和营养物质的供应，还要受到一些生理活性物质的调节和控制。这些调节和控制植物生长发育的物质，称为植物生长物质。植物生长物质主要包括两类：一是植物激素，是指在植物体内合成的，通常从合成部位运往作用部位，对植物的生长发育产生显著调节作用的微量生理活性物质；二是人工合成（或从微生物中提取）的、与植物激素具有相似生理作用的物质，称为植物生长调节剂。

1. 植物激素

植物激素有 4 个重要特性：内源性，它是植物生命活动中细胞内部的产物，并广泛存在于植物界；移动性，可从植物的合成部位转移到作用部位；显效性，在植物体内含量甚微，多以微克计算，但对植物生长发育可起到明显增效的作用；双重性，一些激素对植物生理有促进和抑制两方面作用，不同浓度、对不同器官的作用有所不同（图 6-1）。

目前，国际公认的植物激素有五大类：生长素、赤霉素、细胞分裂素、脱落酸和乙烯。

（1）生长素（IAA）

①生长素的分布与运输　生长素是最早被发现的植物激素，植物体内生长素的含量很低，一般每克鲜重为 10~100ng。各种器官中都有生长素的分布，但较集中在生长旺盛的部位，如正在生长的茎尖和根尖，正在展开的叶片、胚、幼嫩的果实和种子等，衰老的组织或

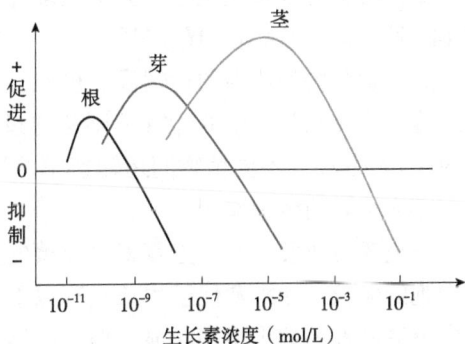

图 6-1　植物不同器官对生长素的反应
（王忠，2000）

器官中生长素的含量则很少。

生长素在植物体内的运输具有极性，即生长素只能从植物的形态学上端向形态学下端运输，而不能向相反的方向运输，这称为生长素的极性运输。

生长素的极性运输与植物的发育有密切的关系。如扦插枝条的嫩叶和活动芽形成的生长素向下运输到生根区，刺激插条基部切口处细胞分裂与分化形成不定根；顶芽产生的生长素向下运输，形成顶端优势等。对植物茎尖用人工合成的生长素处理时，人工合成的生长素在植物体内的运输也是极性的。

②生长素的生理作用

促进生长　生长素最明显的效应就是在外用时可促进断茎和胚芽鞘的伸长生长，但是生长素的作用与其浓度、植物种类、器官和细胞的年龄等因素有关。

任何一种器官，生长素对其促进生长时都有一个最适浓度，低于这个浓度时，植物器官的生长随浓度的增加而加快；高于最适浓度时，促进生长的效应随浓度的增加逐渐减弱。当浓度高到一定值后则抑制生长，这是由于高浓度的生长素诱导了乙烯的产生。

不同器官对生长素的敏感性不同。从图 6-1 可知，不同器官对生长素的敏感程度依次为根>芽>茎。根对生长素十分敏感，浓度稍高就起到抑制作用。不同年龄的细胞对生长素的反应不同，幼嫩细胞对生长素反应灵敏，而老的细胞敏感性则下降，高度木质化和其他分化程度很高的细胞对生长素都不敏感。黄化茎组织比绿色茎组织对生长素更为敏感。此外，生长素对离体器官和整株植物效应有别，生长素对离体器官的生长只有明显的促进作用，而对整株植物效果不太明显。

促进插条不定根的形成　生长素可以有效促进插条不定根的形成，这主要是刺激了插条基部切口处细胞的分裂与分化，诱导了根原基的形成。

对养分的调运作用　生长素具有很强的调运养分的效应。利用这一特性，用 IAA 处理，可促使子房及其周围组织膨大而获得无籽果实。

其他效应　生长素还可参与许多其他生理过程，如促进菠萝开花、形成顶端优势、诱导雌花分化(但效果不如乙烯)、促进叶片的扩大和气孔的开放等。此外，生长素还可抑制花朵脱落、叶片老化和块根形成等。

（2）赤霉素（GA）

①赤霉素的分布及运输　赤霉素多存在于植物体内生长旺盛的部位。赤霉素类物质超过 140 种，其中 GA_3 应用最广泛。

赤霉素在植物体内的运输没有极性，可以双向运输。根尖合成的赤霉素通过木质部向上运输，而叶原基产生的赤霉素则是通过韧皮部向下运输，其运输速率与光合产物相同，为 50~100cm/h，不同植物间运输速率差异很大。

②赤霉素的生理作用

促进茎的伸长生长　赤霉素最显著的生理效应就是促进植物的生长，这主要是它能促进细胞的伸长。赤霉素促进生长具有以下特点：能显著促进植株茎的伸长生长，尤其是对矮生突变品种的效果特别明显，但对离体茎切段的伸长没有明显的促进作用；赤霉素主要作用于已有的节间的伸长，而不是促进节数的增加；不存在高浓度的抑制作用，即使浓度很高，仍可表现出最大的促进效应，这与生长素促进植物生长具有最适浓度的情况显著不同。

诱导开花　某些高等植物花芽的分化是受日照长度(即光周期)和温度影响的。对某些未经春化的植物施用赤霉素，则不经低温过程也能诱导开花，且效果很明显。此外，赤霉素也能代替长日照诱导某些长日照植物开花，但赤霉素对短日照植物的花芽分化无促进作用。对于花芽已经分化的植物，赤霉素对其花的开放具有显著的促进作用。

打破休眠　用 $2 \sim 3\mu g/g$ 的赤霉素处理休眠状态的马铃薯能使其很快发芽，从而可满足一年多次种植马铃薯的需要。对于需光和低温才能萌发的种子，如莴苣、烟草、紫苏、李和苹果等的种子，赤霉素可代替光照和低温打破休眠。

促进雄花分化　对于雌雄异花同株的植物，用赤霉素处理后，雄花的比例增加；对于雌雄异株植物的雌株，如用赤霉素处理，也会开出雄花。

其他生理效应　赤霉素还可加强生长素对养分的调运效应，促进某些植物坐果和单性结实、延缓叶片衰老等。此外，赤霉素也可促进细胞的分裂和分化。但赤霉素对不定根的形成却起抑制作用，这与生长素又有所不同。

(3)细胞分裂素(CTK)

①细胞分裂素的分布与运输　在高等植物中，细胞分裂素主要存在于可进行细胞分裂的部位，如茎尖、根尖、未成熟的种子、萌发的种子和生长着的果实等。一般而言，细胞分裂素的含量为 $1 \sim 1000 ng/g$ 植物干重。在高等植物中发现的细胞分裂素，大多数是玉米素或玉米素核苷。

一般认为，细胞分裂素的合成部位是根尖，然后经过木质部运往地上部产生生理效应。在植物的伤流液中含有细胞分裂素。随着研究的深入，发现根尖并不是细胞分裂素合成的唯一部位。

②细胞分裂素的生理作用

促进细胞分裂　细胞分裂素的主要生理功能就是促进细胞的分裂。生长素、赤霉素和细胞分裂素都有促进细胞分裂的作用，但有所不同。生长素只促进细胞核的分裂，而细胞分裂素主要是对细胞质的分裂起作用，所以细胞分裂素促进细胞分裂的效应只有在生长素存在的前提下才能表现出来。而赤霉素促进细胞分裂主要是缩短了细胞周期中的 G_1 期和 S 期的时间，从而加速了细胞的分裂。

促进芽的分化　促进芽的分化是细胞分裂素最重要的生理效应之一。当 CTK/IAA 的值高时，愈伤组织形成芽；当 CTK/IAA 的值低时，愈伤组织形成根；如果二者的浓度相等，则愈伤组织保持生长而不分化。

促进细胞扩大　细胞分裂素可促进一些双子叶植物如菜豆、萝卜的子叶或叶片扩大，这种扩大主要是因为促进了细胞的横向增粗。

促进侧芽发育，消除顶端优势　细胞分裂素能解除由生长素所引起的顶端优势，促进侧芽生长发育。如豌豆苗第一真叶叶腋内的侧芽一般处于潜伏状态，但若以细胞分裂素溶液滴加于叶腋部位，则腋芽可生长发育。

延缓叶片衰老　如果在离体叶片上局部涂以细胞分裂素，则在叶片其余部位变黄衰老时，涂抹的部位仍保持鲜绿。这不仅说明了细胞分裂素有延缓叶片衰老的作用，同时也说明了细胞分裂素在一般组织中不易移动。运用其保绿及延缓衰老等作用，可用来处理水果和鲜花等，以达到保鲜、保绿、防止落果的目的。

打破种子休眠 需光种子如莴苣和烟草等的种子在黑暗中不能萌发，用细胞分裂素可代替光照打破这类种子的休眠，促进其萌发。

（4）脱落酸（ABA）

①脱落酸的分布与运输 脱落酸具有引起芽休眠、叶子脱落和抑制生长等生理作用，存在于全部维管植物中。高等植物各器官和组织中都有脱落酸，其中以将要脱落或进入休眠的器官和组织中较多。在逆境条件下脱落酸含量会迅速增多。水生植物的脱落酸含量很低，一般为 $3\sim5\mu g/kg$；陆生植物脱落酸含量高些，温带谷类作物通常为 $50\sim500\mu g/kg$。

脱落酸运输不具有极性。脱落酸主要以游离的形式运输，也有部分以脱落酸糖苷的形式运输。脱落酸在植物体的运输速率很快，在茎或叶柄中的运输速率大约是 $20mm/h$。

②脱落酸的生理作用

促进休眠 外用脱落酸时，可使旺盛生长的枝条停止生长而进入休眠。

促进气孔关闭 引起气孔关闭，降低蒸腾速率，这是脱落酸最重要的生理效应之一。

抑制生长 脱落酸能抑制整株植物或离体器官的生长，也能抑制种子的萌发。脱落酸的抑制效应是可逆的，一旦去除脱落酸，枝条的生长或种子的萌发又会立即开始。

促进脱落 脱落酸促进器官脱落主要是由于促进了离层的形成。

增加抗逆性 一般来说，干旱、寒冷、高温、盐渍和水涝等逆境都能使植物体内脱落酸含量迅速增加，同时抗逆性增强。脱落酸可诱导某些酶的重新合成而增加植物的抗冷性、抗涝性和抗盐性。因此，脱落酸被称为应激激素或胁迫激素。

（5）乙烯（ETH）

①乙烯的分布与运输 乙烯是一种促进器官成熟的气态激素，在衰老组织和成熟果实中最多。由于乙烯是气体，使用比较困难，所以一般都用它的类似物乙烯利（2-氯乙基膦酸）代替。乙烯在植物体内易于移动，并遵循菲克扩散定律。一般情况下，乙烯就在合成部位起作用。

②乙烯的生理作用

改变生长习性 乙烯对植物生长的典型效应是抑制茎的伸长生长、促进茎或根的横向增粗及茎的横向生长（使茎失去负向重力性），这就是乙烯所特有的"三重反应"。乙烯促使茎横向生长是由于它引起偏上生长所造成的。所谓偏上生长，是指器官的上部生长速度快于下部的现象。乙烯对茎与叶柄都有偏上生长的作用，从而造成了茎横生和叶下垂（图6-2）。

促进成熟 催熟是乙烯最主要和最显著的效应，因此也称乙烯为催熟激素。乙烯对果实成熟有显著的效果。如在香蕉果皮绿色、肉质硬实时将其从树上采下，需要使用外源乙烯催熟方可上市。

促进脱落 乙烯是控制叶片脱落的主要激素，这是因为乙烯能促进细胞壁降解酶——纤维素酶的合成，并且控制纤维素酶由原生质体释放到细胞壁中，从而促进细胞衰老和细胞壁的分解，迫使叶片、花或果实脱落。

促进开花和雌花分化 乙烯可促进菠萝和其他一些植物开花，还可改变花的性别，促进黄瓜雌花分化，并使雌、雄异花同株的雌花着生节位下降。乙烯在这方面的效应与生长

图 6-2 乙烯的"三重反应"和偏上生长（王忠，2000）

A. 不同依稀浓度下黄化豌豆幼苗的生长状态

B. 用 10μL/L 乙烯处理 4h 后的番茄幼苗状态（叶柄上侧的细胞伸长大于下侧，使叶片下垂）

素相似，而与赤霉素相反。

其他效应　乙烯还可诱导插条不定根的形成，促进根的生长和分化，打破种子和芽的休眠，诱导次生物质（如橡胶树的乳胶）的分泌等。

2. 植物生长调节剂

按照作用效果，可将常用的植物生长调节剂分为植物生长促进剂、植物生长延缓剂和植物生长抑制剂。

（1）植物生长促进剂

这类植物生长调节剂可以促进细胞分裂、分化和伸长生长，也可促进植物营养器官的生长和生殖器官的发育。如萘乙酸、吲哚丁酸、6-苄基腺嘌呤、2,4-二氯苯氧乙酸等。

①萘乙酸（NAA）　能促进插穗生根，促进开花，疏花、疏果，防止采前落果，广泛用于组培生根、园艺植物的扦插繁殖。

②吲哚丁酸（IBA）　能促进插穗生根，形成的不定根多而细长，常用于组培生根和果树、花卉的扦插繁殖，适应范围广且安全，生产中应用非常广泛。

③6-苄基腺嘌呤（6-BA）　能促进分生组织形成，促进侧芽萌发，增大分枝角度，减少落果。在组培中用于外植体的增殖，或用于花椰菜、甘蓝和莴苣等蔬菜的贮藏保鲜。

④2,4-二氯苯氧乙酸（2,4-D）　在较低浓度时就可防止落花、落果，诱导产生无籽果实；在较高浓度时可作为除草剂，常用于番茄、茄子和柑橘的保花、保果或杀除田间的双子叶杂草。

（2）植物生长延缓剂

这类植物生长调节剂能抑制植物茎顶端分生组织生长，包括矮壮素、多效唑、比久、缩节胺等。它们不影响顶端分生组织的分化，而叶和花是由顶端分生组织分化而成的，因此植物生长延缓剂不影响叶片的发育和数目，一般也不影响花的发育。

①矮壮素（CCC）　能控制营养生长，使植物根系发达、节间缩短、茎秆加粗、叶色加深、叶片加厚，抗倒伏，并促进生殖生长，有利于花芽形成和坐果。在生产中多用于控制小麦、棉花、花生和大豆等植物的徒长，防止倒伏。

②比久（B₉） 能控制营养生长，抑制顶端优势，使植物矮化粗壮，抗寒、抗旱能力增强，有利于花芽形成，防止落花、落果，促进果实着色，延长贮藏期。有人认为 B₉ 有致癌危险，不宜在作物上使用，或至少不要在作物临近收获时施用。

③多效唑（PP₃₃₃） 可明显减弱植物的顶端优势，促进侧芽发生，使茎变粗，叶色变绿，植株矮化紧凑，并可提高植株抗性。生产中用于控制油菜、花生、大豆和菊花等的营养生长，或提高水稻、油菜、桃和辣椒等的抗逆性，或增加苹果、梨和柑橘等果树的花芽数和提高坐果率。

④缩节胺（DPC） 常用于棉花，能抑制主茎和节间伸长，防止蕾铃脱落。

（3）植物生长抑制剂

这类植物生长调节剂能抑制植物茎顶端分生组织生长。通常能抑制顶端分生组织细胞的伸长和分化，但往往促进侧枝的分化和生长，从而破坏顶端优势，增加侧枝数目。有些植物生长抑制剂还能使叶片变小、生殖器官发育受到影响。外施生长素可以逆转这种抑制效应，而外施赤霉素则无效，因为这种抑制作用不是由于缺少赤霉素而引起的。常见的植物生长抑制剂有乙烯利、三碘苯甲酸、青鲜素、整形素、烯效唑等。

①乙烯利（CEPA） 能诱导雌花形成，促进开花，促进果实的成熟和脱落。在生产中应用广泛，用于促进黄瓜雌花分化，苹果和梨的疏花、疏果，以及橡胶乳汁分泌等。

②三碘苯甲酸（TIBA） 能阻碍生长素运输，消除顶端优势，促进侧芽萌发，使植株矮化。主要用于大豆，使植株变矮，增加分枝和结荚，防止倒伏等。

③青鲜素（MH） 与生长素作用相反，抑制顶端分生组织的细胞分裂，破坏顶端优势，抑制生长和发芽。生产上常用于抑制洋葱、马铃薯、大蒜等在贮藏期间发芽，以及抑制烟草侧芽生长等。

④整形素（形态素） 能抑制植物生长和种子萌发，使植株矮小。生产中用于园林造型，抑制甘蓝、莴苣的抽薹而促进结球等。

⑤烯效唑（S₃₃₀₇） 活性比多效唑强，抑制植物徒长，使植株矮化。在生产中应用较多，如大豆花期使用可促进结荚。

3. 植物激素和植物生长调节剂在生产上的使用

植物激素和植物生长调节剂被广泛应用于农林生产中。常用植物激素和植物生长调节剂的应用见表6-1所列。

表6-1 生产上常用的各种植物激素和植物生长调节剂的使用

用途	药剂名称	施用对象	效果
促进发芽，打破休眠	赤霉素	马铃薯块茎	用于夏收块茎的两季栽培
促进生根	吲哚丁酸、萘乙酸	枝条扦插	加速与增多根的形成
促进生长，增加产量	赤霉素	菠菜、芹菜、莴苣等叶菜	增加茎叶产量
	增产灵	水稻、大豆、玉米等	促进灌浆、成熟、增产
	比久	马铃薯植株	抑制节间伸长，促进块茎膨大
防止脱落	萘乙酸	苹果、柑橘	防止熟前落果
	比久	苹果、瓜类	防止采前落果，抑制植株徒长，促进结果

（续）

用途	药剂名称	施用对象	效果
促进开花	萘乙酸	菠萝、荔枝	促进开花
	赤霉素	甜菜、甘蓝、萝卜	促进抽薹开花
	乙烯利	菠萝	促进开花
促进结实	萘乙酸	辣椒	提高坐果率
	萘氧乙酸	番茄、茄子、西瓜	促进结实并获得无籽果实
	赤霉素	葡萄	促进果实增大
抑制生长，促进花芽分化	比久	苹果	抑制新梢生长，缩短节间，促进花芽分化
	乙烯利	幼树	促进花芽分化，提早结实
疏花、疏果	萘乙酸钠	梨、苹果	梨可疏花25%
促进雌花发育	乙烯利	黄瓜、南瓜	雌花着生节位变低、数量增多
抑制雄蕊发育	青鲜素	玉米	雄蕊被杀死，但活性正常
	乙烯利	小麦	
促进成熟	乙烯利	柿子、香蕉、柑橘、番茄、辣椒、水稻	提早成熟
贮藏保鲜	比久或矮壮素	叶用莴苣	8~22℃条件下延长贮藏期
	6-苄基腺嘌呤	花椰菜、甘蓝、莴苣	可延长贮藏保鲜期
	激动素	草莓	可保持果实新鲜，延长贮藏期
	青鲜素	洋葱、大蒜	鳞茎到翌年3~4月也不发芽
抑制发芽，延长休眠	萘乙酸甲酯	马铃薯块茎	延长贮藏期
延缓生长，植株矮化	矮壮素	小麦	矮化，防倒伏
	三碘苯甲酸	大豆	节间缩短，增加结实率
诱导脱叶	脱落酸	豆类	叶片大量脱落，利于机械收获

注：引自邹良栋等（2004），略有修改。

任务实施

1. 生长素含量测定

挑选大小均匀的小麦种子浸入饱和的漂白粉溶液中数小时，取出后用蒸馏水洗净，放到盛有湿润滤纸的培养皿中（腹沟朝下），在25℃黑暗条件下培养24h。当第一胚根出现后，将其移于用尼龙网覆盖的小瓷缸上（胚根插入尼龙网眼中），在小瓷缸上罩上烧杯以保持湿度。继续在25℃黑暗条件下培养约40h，当胚芽鞘长达3cm左右时，切去胚芽鞘尖端3mm，再取下部长5mm的切段用蒸馏水浸洗2~3h，以除去切段中的内源激素。配制浓度分别为0.001μg/mL、0.01μg/mL、0.1μg/mL、1.0μg/mL、10μg/mL的IAA系列标准溶液于具塞试管中（100μg/mL IAA 1mL+9mL缓冲液→10μg/mL IAA；10μg/mL IAA 1mL+9mL缓冲液→1μg/mL IAA；1μg/mL IAA 1mL+9mL缓冲液→0.1μg/mL IAA；0.1μg/mL IAA 1mL+9mL缓冲液→0.01μg/mL IAA；0.01μg/mL IAA 1mL+9mL缓冲液→0.001μg/mL IAA）。在具塞试管中分别吸入上述IAA系列标准溶液10mL，然后用滤纸将10段切段表面水分吸干，分别放入含有不同浓度 IAA 的具塞试管中，在暗室中绿光下培养，作标准曲线(在生长素浓度为 0.001~1.0μg/mL 范围内，切段的伸长量与生长素浓度的对数成正比)。如需测定植物提取液中生长素含量，可用上述同样的方法处理小麦胚芽鞘切段，测定其伸长量，查阅标准曲线即可获得。

2. 细胞分裂素含量测定

挑选大小一致的萝卜种子，用蒸馏水浸泡 15min，放在盛有润湿滤纸的培养皿中，在 26℃黑暗条件下培养 30h。用镊子取下大小一致的萝卜幼苗的子叶 10 对，在蒸馏水中浸泡以除去内源激素，然后用吸水纸吸干水，再用 1/10 000 灵敏度的电子天平称量鲜重。分别取不同浓度的 6-BA 标准溶液(100μg/L、200μg/L、300μg/L、400μg/L、500μg/L、600μg/L、700μg/L)各 2mL 于放有滤纸的培养皿中，另外吸取 2mL 蒸馏水作为空白对照，3 次重复。将称好的萝卜子叶放在各培养皿中，置于 25℃光照箱中培养(注意补充 6-BA 标准溶液以保持湿润)。3d 后，用吸水纸吸干水分，称量培养后的子叶鲜重。以 6-BA 溶液的浓度为横坐标，子叶鲜重的增加量为纵坐标，作标准曲线图。如需测定植物提取液中细胞分裂素的含量，可用上述同样的方法处理萝卜子叶，测定其鲜重的增加值，查阅标准曲线即可获得。

任务考核

植物生长物质的应用考核参考标准

考核项目	考核内容	考核标准	考核方法	赋分(分)
基本素质	学习态度	态度认真，学习主动，全勤	单人考核	5
	团队协作	服从安排，与小组成员配合好	单人考核	5
任务实施	激素含量测定	溶液配制准确	小组考核	15
		材料符合要求	小组考核	10
		测定方法准确	小组考核	20
		测定结果准确	小组考核	15
		场地干净整洁，不浪费材料	小组考核	5
职业素质	方法能力	独立分析和解决问题的能力强，表达准确	单人考核	5
	工作过程	操作规范、认真	单人考核	20
合　计				100

知识拓展

其他植物生长物质

(1)油菜素内酯(BR)

1970 年，Mitchell 等在研究多种植物花粉中的生理活性物质时，发现油菜花粉中的提取物生理活性最强。1979 年经分离纯化，鉴定为甾醇类化合物，定名为油菜素内酯(又名芸薹素)。它在植物体各部位都有分布。芸薹素含量极少，但生理活性很强。目前已从植物中分离出天然甾醇类化合物 40 余种，因此被认为是在自然界广泛存在的一大类化合物。

芸薹素的主要生理效应是促进细胞生长和分裂，促进光合作用和提高抗逆性。生产上主要应用于增加农作物产量、提高植物耐冷性和耐盐性及减轻某些农药的药害等方面。一些科学家已经提议将其列为植物的第六类激素。

（2）茉莉酸（JA）

茉莉酸最早从一种真菌中分离得到，随后发现其广泛存在于植物界，至今已发现 20 余种，通常分布在植物的茎端、嫩叶、未成熟果实等部位，其中果实中的含量更为丰富。

茉莉酸的生理效应非常广泛，具有多效性特点，主要包括促进、抑制、诱导等多个方面，如提高抗逆性、诱导植物体内的防卫反应、抑制生长和萌发、促进成熟衰老、促进不定根形成和抑制花芽分化等。茉莉酸引起的很多效应与 ABA 相似，但也有独特之处。茉莉酸已被确认为一类新的植物激素。

（3）水杨酸（SA）

早在 20 世纪 60 年代，人们就发现水杨酸具有多种生理调节作用，如诱导某些植物开花，诱导烟草和黄瓜对病毒、真菌和细菌等病害的抗性。水杨酸诱导的生热效应是植物对低温环境的一种适应。在寒冷条件下花序产热，保持局部较高温度有利于开花结实。此外，高温有利于花序产生的具有臭味的胺类和吲哚类等物质的蒸发，以吸引昆虫传粉。另有实验表明，水杨酸可显著影响黄瓜性别表达，抑制雌花分化，促进较低节位上分化雄花，并且显著抑制根系发育。水杨酸还可抑制大豆的顶端生长，促进侧生生长等。

（4）多胺（PA）

多胺是一类具有生物活性的低分子质量脂肪族含氮碱，包括腐胺、尸胺、精胺和亚精胺等，主要分布于植物分生组织，有刺激细胞分裂、生长和防止衰老等作用。农业生产上应用多胺可促进苹果花芽分化、受精和增加坐果率等。

思考与练习

1. 说明植物激素、植物生长物质和植物生长调节剂三者的异同。
2. 植物激素有哪些特点？
3. 植物生长调节剂有哪些类型？在生产中有哪些应用？
4. 现已发现的植物生长调节物质有哪些？
5. 说明生产中应用植物生长物质时应注意的问题。

任务 6-2　调控植物营养生长

任务目标

认知植物营养生长的一般规律，了解植物生长的昼夜周期性、季节周期性和植物的向性运动，熟悉影响植物生长的外界因素。

任务准备

学生每4~6人一组，每组准备以下材料和用具：盆栽菊花；吲哚丁酸、萘乙酸、ABT 1号生根粉、赤霉素、丁酰肼、95%乙醇；天平、玻璃棒、喷雾器、烧杯、针管等。

基础知识

1. 植物的生命周期

每种植物都有生长、发育、衰老、死亡的过程，植物从生长到死亡的生长发育的全过程称为生命周期。对多年生植物来说，生命周期又称为年龄时期。根据生命周期的长短，可把植物分为一年生植物、二年生植物和多年生植物3类。多年生植物的生命周期又包括多个年生长周期。

（1）一年生植物的生命周期

当年播种、当年开花结实完成生命周期的植物，称为一年生植物。如绿叶蔬菜中的苋菜、落葵；果菜类中的茄果类、瓜类、豆类；花卉植物中的鸡冠花、凤仙花、一串红、万寿菊等。其生命周期与年生长周期相同，可分为以下4个阶段。

①种子萌发期 从种子萌动至子叶充分展开、真叶露心，为种子萌发期。这一时期种子主要分解利用自身贮藏的营养，栽培上应选择发芽能力强且饱满的种子，创造最合适的发芽条件，缩短发芽期，保护子叶，为培育壮苗创造条件。

②幼苗期 从第一片真叶露心到第4~6片真叶展开，即进入幼苗期。幼苗生长的好坏对以后的生长和发育有很大影响：一方面，这一时期的生长为以后各阶段的生长打下基础；另一方面，对于发育较早的茄果类、瓜类植物，在幼苗期就已开始花芽分化，如瓜类此期结束时主要结果部位的花芽性别已确定。

③发株期（或抽蔓期） 从幼苗期结束到植株开始现蕾、开花，为发株期。此期根、茎、叶等器官加速生长，为以后开花结实奠定营养基础，花芽进一步分化、发育。不同植物种类及同一种类的不同品种，此期长短有较大差异。生产上，进入发株期应以"促"为主，促进茎叶健壮而旺盛地生长，有针对性地防止植株徒长或营养不良。

④开花结果期 从植株现蕾、开花结果到生长结束，为开花结果期。这一时期根、茎、叶等营养器官继续迅速生长，同时不断开花结果，因此存在着营养生长与生殖生长争夺养分的矛盾。特别对瓜类、茄果类、豆类等多次结果、多次采收的植物，更要精细管理，以保证营养生长与生殖生长协调平衡发展。

（2）二年生植物的生命周期

播种当年生长形成营养产品器官，越冬后春、夏季抽薹、开花、结实的植物，为二年生植物。这类植物以蔬菜居多，也包括部分草本花卉，如白菜类、甘蓝类、根菜类、葱蒜类、菠菜、芹菜、莴苣及大花三色堇、雏菊、瓜叶菊、紫罗兰、桂竹香等。二年生植物其生命周期与年生长周期也相同，可明显地分为营养生长和生殖生长两个阶段。

①营养生长阶段   又分为发芽期、幼苗期、叶簇生长期和产品器官形成期。其中，幼苗期、叶簇生长期是纯粹的营养生长期，不断分化叶片，增加叶数，扩大叶面积，为产品器官形成和生长奠定基础。产品器官形成期虽然仍是进行营养生长，但营养物质大量向产品器官转移，使之膨大充实，形成叶球（白菜类与甘蓝类）、肉质根（萝卜、胡萝卜等）、鳞茎（葱蒜类）等产品器官。二年生植物产品器官采收后，一些种类存在程度不同的生理休眠，如马铃薯的块茎、洋葱的鳞茎等，但大部分种类无生理休眠期，只是由于环境条件不宜，处于被动休眠状态。

②生殖生长阶段   花芽分化是植物由营养生长过渡到生殖生长的形态标志。在这一时期，多数二年生植物要求一定的低温（经过春化作用）才能分化花芽，要求高温、长日照条件才能抽薹，如大白菜、甘蓝虽在深秋已开始花芽分化，但不会马上抽薹，而必须等到翌年春季随着温度升高和日照加长才能抽薹开花。

（3）多年生植物的生命周期

多年生植物按茎的结构不同，可分为多年生木本植物和多年生草本植物。

①多年生木本植物   其生命周期一般分为 3 个阶段。第一个阶段为童期，指从种子萌发开始，到实生苗具有分化花芽潜力和开花结实能力为止所经历的时期，是木本植物必须经过的个体发育阶段。处于童期的果树，主要是进行营养生长，其特点是根系和树冠生长快，光合和吸收面积迅速扩大，光合产物集中用于根和枝梢的生长，期间无论采取何种措施都不能使其开花结果。童期的后期可以形成少量的花芽，但也多发生落花、落果。童期长短因树种而异，桃、杏、枣、葡萄等童期较短，一般为 2～4 年；山核桃、荔枝、银杏等实生树开花则需 9～10 年或更长时间。第二个阶段为成年期，从植株具有稳定持续开花结果能力时起，到开始出现衰老特征时结束。木本植物此期一般连续多年自然开花结果，依结果状况又分为结果初期、结果盛期和结果后期。成年期应加强肥水管理，合理修剪，适当疏花、疏果，最大限度地延长结果盛期年限，延缓树体衰老，争取丰产优质。第三个阶段为衰老期，指从树势明显衰退开始到树体最终死亡为止。

生产上，木本植物也可利用母体上已具备开花结果能力的营养器官再生培养而成（即采用无性繁殖），因此不需度过较长的童期。但为了保证高产、稳产，延长树体寿命，必须经过一段时间的旺盛营养生长期，以积累足够的养分，促进开花结果。严格地讲，多年生无性繁殖木本植物的营养生长期，是指从无性繁殖苗木定植后到开花结果前的一段生长时间，一般比童期持续的时间短。这一时期的长短又因树种或品种而异，如番木瓜栽后 10 个月开花，树莓和醋栗 1 年后开花，枣、桃、杏和板栗等需要 2～3 年，苹果、梨等要 3～5 年，荔枝要 3～4 年，椰子则要 6～8 年。营养生长期结束后，陆续进入结果期、衰老期，后两个阶段与有性繁殖的木本植物基本相同。

②多年生草本植物   播种或栽植后一般当年即可开花、结果或形成产品，当冬季来临时，地上部枯死，完成一个生长周期，如韭菜、石刁柏、草莓、香蕉、菠萝、黄花菜、菊花、芍药和草坪植物等。这一点与一年生植物相似，但由于其地下部能以休眠形式越冬，翌年春暖时重新发芽生长，进行下一个周期的生命活动，这样不断重复，年复一年，类似多年生木本植物。

植物的生命周期并非一成不变，随着环境条件、栽培技术等的改变会有较大变化。如结球白菜和萝卜等，秋播时是典型的二年生植物，早春播种时，受低温影响，营养器官未充分膨大即抽薹开花，成为一年生植物；又如二年生植物甘蓝在温室条件下未经低温春化，可始终停留在营养生长状态，成为多年生植物。此外，金鱼草、瓜叶菊、一串红、石竹等花卉原本为多年生植物，但在北方地区常作一、二年生栽培。

小贴士

　　用种子繁殖的实生植物的生命周期中有两个明显的时期：幼年期(童期)和成年期。幼年期是从种子萌发到具有形成花芽能力的一段时间。作为观赏茎叶、食用根、茎、叶等器官的植物，如景天、雪松、南洋杉、水杉、白菜、萝卜、菠菜等，如果这一时期长一些，则其观赏、食用价值就高一些。进入成年期，植物具有形成花芽的能力并能够开花结果。对于需利用花、果的植物(主要包括果树，观花、观果的花卉，观赏花、果的观赏树木，果菜类，瓜类，豆类等植物，如桃、梨、海棠、兰花、美人蕉、茄子、南瓜、四季豆等)，人们希望其能及早进入这一时期。植物进入成年期后，在外界条件适宜的情况下就能开花结果，但随之而来会出现器官衰老、死亡现象。

　　用营养器官繁殖的植物，由于其在母体中已度过童期，在适当的栽培条件下即可开花结果。这类植物经过一次或多次结果后，植株也会逐渐发生衰老直至死亡。利用组培方法无性繁殖的花卉、观赏树木、果树、蔬菜属于这一类型。

2. 植物生长大周期

　　在植物生长过程中，植物器官或整株植物的生长速率会表现出"慢—快—慢"的基本规律，即开始生长缓慢，以后逐渐加快，达到最高点时生长减慢甚至停止，这一生长全过程称为生长大周期，呈"S"形曲线(图 6-3)。

　　(1)成因

　　植物生长表现的大周期可从两个方面理解：

　　植物器官的生长过程，先后经历细胞分裂、细胞伸长和细胞分化成熟 3 个阶段，细胞生长表现出"慢—快—慢"的规律，故叶片、果实等器官生长也具有生长大周期的特征。

　　对整株植物而言，生长初期植株幼小，合成有机物少，生长速度慢；以后根系逐渐发达，叶面积增加，有机物合成大量增加，生长加快；最后植株衰老，根系吸收能力下降，叶片脱落，叶面积减少，有机物合成减少，同时呼吸消耗增加，生长减慢。

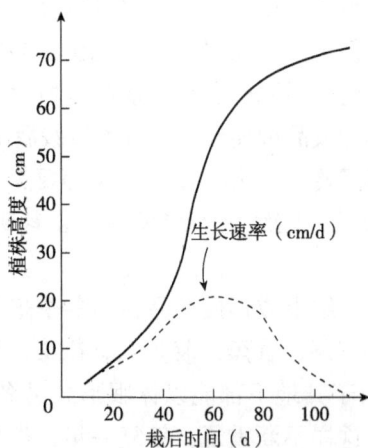

图 6-3　植物生长大周期示意图
(邹良栋，2012)

　　(2)应用

　　在自然条件下，生长是不可逆的，一切促进或抑制植物生长的措施必须在生长最快速度到来之前采取行动，这在生产中非常重要。如果树、茶树育苗时，要在树苗生长前期加强水肥管理，使其生长健壮，若在后期加强水肥，效果小，生长期延长，枝条幼嫩，抗寒性弱，易受冻。禾谷类也要在前期加强水肥，否则产量低，还会贪青晚熟。另外应注意，同一植株的不同器官，生长大周期出现的时间不一致，在控制某一器官生长时，要考虑对其他器官的影响。如控制小麦拔节时，若拔节水浇灌过晚，会影响穗分化和发育。

3. 植物生长的周期性

整株植物或植物器官的生长速率随季节或昼夜的周期性变化而发生规律性的变化，这种现象称为植物生长的周期性。

（1）昼夜周期性

植物生长随昼夜表现出的快慢节律性变化，称为昼夜周期性。这主要是由于影响植物生长的因素如温度、湿度、光照以及植物体内的水分与营养供应在一天中发生有规律性的变化。一般来说，植物生长速率与昼夜的温度变化有关。如越冬植物，白天的生长量通常大于夜间，因为此时限制生长的主要因素是温度。但是在温度高、光照强、湿度低的季节，影响生长的主要因素则为植株的含水量，此时在日生长曲线中可能会出现两个生长高峰：一个在中午前，另一个在傍晚。如果白天蒸腾失水强烈，造成植株体内水分亏缺，而夜间温度又比较高，日生长高峰会出现在夜间。

（2）季节周期性

植物一年中的生长速率随季节变化而呈现的周期性变化，称为季节周期性。植物季节周期性受温度、水分和光照等环境因素的控制。如植物在春季发芽，夏季旺盛生长，秋季落叶，冬季休眠或死亡，呈现出明显的季节性变化规律。多年生木本植物的茎部横切面上的年轮，是植物生长的季节周期性变化的直接结果。

4. 植物生长的相关性

植物是由根、茎、叶等器官构成的生理上的有机统一体，植物体各部分在生长过程中相互依赖和相互制约的现象，称为植物生长的相关性。

（1）地上部分与地下部分的相关性

植物的地上部分和地下部分处在不同的环境中，两者之间有维管束的联络，存在着营养物质与信息物质的大量交换。植物的地下部分为地上部分提供水、无机盐等；地上部分为地下部分供应糖类、蛋白质、维生素等。故植物地下部分发达时，从土壤中吸收的水分和矿质养分较多，地上部分生长高大、健壮；而地上茎、叶生长不好时，地下器官得不到充足的有机营养，生长也受阻；若茎、叶生长过旺，地下部分的生长也会削弱。因此，应根据生产目的，协调地上部分和地下部分的生长。生产中利用根冠比（R/T）表示植株地下部分和地上部分生长量的比例关系，如蔬菜培育壮苗时要求根冠比较大。

（2）主枝与侧枝的相关性

顶芽的生长会抑制侧芽或侧枝生长的现象，称为顶端优势。主根和侧根的生长也存在顶端优势。主根和主茎比侧根和侧枝生长快，若主根和主枝受损，侧根和侧枝的生长加快。生产上可根据需要保持或去除顶端优势，如麻类、烟草应保持顶端优势，而番茄、花卉的摘心可增加分枝，促进多开花结果，果树修剪、盆景培育时也可利用顶端优势。

（3）营养生长与生殖生长的相关性

营养生长是生殖生长的基础，生殖生长所需的养分大多数由营养器官供应，营养生长不好，则生殖器官生长也不好。营养器官生长过旺，茎叶徒长，养分消耗较多，可造成生殖器官分化延迟，生育期延长，产量低。生殖器官生长过旺，营养物质向生殖器官转移过多，则营养器官生长减慢，甚至衰老死亡。如番茄枝叶过多时产量下降，小麦徒长时空瘪粒增多，茶树开花结籽影响茶叶产量等。

5. 植物的向性运动

植物的向性运动是指植物器官对环境因素的单方向刺激所引起的定向运动。根据刺激因素的种类，可将其分为向光性、向重力性、向触性和向化性等。朝向刺激方向运动的，为正运动；背着刺激方向运动的，为负运动。所有的向性运动都是生长运动，都是由于生长器官不均等生长所引起的。因此，当器官停止生长或者除去生长部位时，向性运动随即消失。

（1）向光性

植物的生长器官受单方向光照射而引起生长弯曲的现象称为向光性。高等植物的地上部分如胚芽鞘、子叶、茎、叶等多发生正向光弯曲生长，使叶片处于最适宜利用光能的位置。生长旺盛的向日葵、棉花等植物的茎端还能随太阳而转动。一般来说，植物地下器官对光的反应不敏感，但芥菜等某些植物的根具有一定的负向光性。

（2）向重力性

植物感受重力刺激，并在重力矢量方向上发生生长反应的现象称为向重力性。种子或幼苗在地球上受到地心引力影响，不管所处的位置如何，总是根朝下生长，茎朝上生长。这种顺着重力作用方向的生长称正向重力性，逆着重力作用方向的生长称负向重力性。通常初生根有明显的正向重力性，次生根则几乎趋于水平生长；主茎有明显的负向重力性，但侧枝、叶柄、地下茎却偏向水平生长。根的正向重力性有利于其向土壤深处生长，以固定植株并摄取水分和矿质元素。茎的负向重力性则有利于叶片伸展，获得充足的空气与阳光。

（3）向触性

生长器官受单方向机械刺激引起运动的现象称为向触性。许多攀缘植物，如豌豆、黄瓜、丝瓜、葡萄等，当它们卷须的上端触及粗糙物体时，由于其接触物体的一侧生长较慢，另一侧生长较快，使卷须发生弯曲而缠绕在物体上，有利于植物更多地接受阳光进行光合作用。

（4）向化性

化学物质分布不均匀引起的植物生长反应称为向化性。植物根的生长就有向化性。根在土壤中总是朝着肥料多的地方生长。深层施肥可引导根系向土壤深层生长，以获取更多的养分。根的向水性也是一种向化性。当土壤干燥而水分分布不均时，根总是趋向潮湿的地方生长。干旱土壤中根系能向土壤深处生长，其原因就是土壤深处的含水量较表土高。香蕉、竹子等以肥引芽，也是利用了根和地下茎在水肥充足的地方生长较为旺盛的生长特点。此外，高等植物花粉管的生长也表现出向化性。花柱中的化学物质如 Ca^{2+} 和 IAA 等存在一定的浓度梯度，引导花粉管向着胚珠生长，以准确进入胚囊。

任务实施

1. 植物生长促进剂或生根剂的配制及使用

常用的植物生长促进剂有吲哚丁酸、萘乙酸、吲哚乙酸、2,4-D 等；生产上还有专门的生根促进剂，如 ABT 1 号生根粉、根宝等。

(1) 吲哚丁酸(IBA)溶液的配制及使用

0.01%吲哚丁酸溶液的配制：称取 0.1g 吲哚丁酸粉剂，用少量乙醇充分溶解，再加水稀释，定容至 1000mL。将菊花插条基部 2.5cm 左右浸入配制好的吲哚丁酸溶液中 3～5s，待药液变干后，插入基质中。

(2) 萘乙酸(NAA)溶液的配制及使用

800 倍或 1000 倍萘乙酸溶液的配制：称取 1g 20%的萘乙酸，用少量乙醇充分溶解，加水 800mL，用玻璃棒搅拌均匀，即为 800 倍萘乙酸溶液；称取 1g 25%的萘乙酸，加水 1000mL，用玻璃棒搅拌均匀，即为 1000 倍萘乙酸溶液。将菊花插条基部 2.5cm 左右浸入配制好的萘乙酸溶液中 3～5s，待药液变干后，插入基质中。

(3) 生根粉溶液的配制及使用

称取 1g ABT 1 号生根粉，用少量乙醇充分溶解，再加水稀释成 1000～1500mg/L 溶液，菊花插条基部在溶液中速蘸。或菊花插条基部浸泡在配好的 50～200mg/L 生根粉溶液，浸泡深度 2～3cm，时间 8～24h。

2. 植物营养生长的调控

(1) 赤霉素(GA)

为加速植物生长，满足生产需求，可喷施生长素类物质，如赤霉素。赤霉素的主要作用是促进细胞生长、分裂，刺激茎的生长，使植株高度明显增加。

1/15 g/L 赤霉素溶液的配制：称取 6g 赤霉素，放入烧杯中；量取 120mL 乙醇，倒入烧杯中将赤霉素充分溶解；吸取 20mL 溶解后的赤霉素倒入手动喷雾器中，注入清水至 15L 刻度线。用喷雾器将配好的赤霉素溶液均匀喷洒在菊苗叶片上。

(2) 比久(B_9)

为使盆栽菊花株形美观，茎粗壮，一般盆栽菊花摘心后约 3 周，植株长到 12～15cm 时及时施用配制好的 B_9 控制株高和株型。

500 倍 B_9 溶液的配制：称取 B_9 1g，加水定容至 500mL。一周喷施一次，根据品种特性和植株高度，一般施 2～3 次。

喷施部位：对植株整体茎叶顶端喷洒或对植株局部高茎叶顶端喷洒，保证植株整体同样高度。

3. 记录观察结果

利用配制好的植物激素或植物生长调节剂溶液处理菊花插条及植株，观察盆栽菊花营养生长情况，做好记录。

任务考核

植物营养生长及调控考核参考标准

考核项目	考核内容	考核标准	考核方法	赋分(分)
基本素质	学习态度	态度认真，学习主动，全勤	单人考核	5
	团队协作	服从安排，与小组成员配合好	单人考核	5
任务实施	吲哚丁酸或萘乙酸的配制及使用	方法正确，操作熟练	小组考核	15
	生根粉的配制及使用	方法正确，操作熟练	小组考核	15
	赤霉素的配制及使用	方法正确，操作熟练	小组考核	15
	比久的配制及使用	方法正确，操作熟练	小组考核	15
	清理场地	及时清场，不浪费材料，爱护工具	小组考核	5
职业素质	方法能力	独立分析和解决问题的能力强，表达准确	单人考核	5
	工作过程	工作过程规范、认真	单人考核	20
合　计				100

知识拓展

1. 植物生长的极性

一株植物形态学的上、下两端存在差异的现象，称为极性。即使植物器官的放置方向发生颠倒，极性现象也不会改变。例如，无论将枝条正挂还是倒挂在潮湿环境中，总是在形态学的上端长芽，下端长根。因此，在生产实践中进行扦插、嫁接时一定要注意极性，不能颠倒，否则将无法成活。

2. 植物的再生性

在适宜的条件下，植物的离体部分能恢复所失去的部分，重新形成一个新个体，这种现象称为再生性。在生产上采用扦插、压条进行繁殖，就是利用了植物的再生能力。

3. 植物生长的无限性

植物的生长与动物的生长有本质的不同。动物的生长不再形成新的器官，并且生长有一定的限度；植物由于存在始终保持胚胎状态的顶端分生组织和侧生分生组织，一生中不但能不断长高增粗，还能不断产生新的器官。植物生长的无限性表明了植物的可塑性，也给生产提供了可控性。

思考与练习

1. 什么叫植物生长大周期？说明其引起的原因和实践意义。

2. 简述植物生长的相关性，并说明其在农业生产上的应用。

3. 什么是植物的向性运动？植物向性运动对植物生命活动有何意义？

任务 6-3 调控植物生殖生长

🌲 任务目标

熟悉植物生殖的生理过程，认知植物生殖生长阶段对环境的要求；认识温度、光周期、营养状态和环境条件对植物成花的影响。能运用所学知识与技能进行花期调控。

任务准备

学生每4~6人一组，每组准备以下材料和用具：菊花中花品种'绚秋凝红'（红色）、'绚秋粉黛'（粉白色）、'绚秋凝霜'（白色），晚花品种'寒露秋实'（橙色）；肥料、比久、杀菌剂等；遮光棚、黑色塑料布或黑白膜、100W补光灯、温度计、花盆、花铲、喷雾器、修枝剪、基质。

基础知识

1. 植物的成花生理

（1）影响成花的因素

植物的花芽来源于分生组织形成的花原基。茎的顶端分生组织既可以形成叶芽，也可以形成花芽，究竟向哪个方向分化，决定于植物的内部因素和生长的环境条件。影响成花的因素主要有春化作用（温度）、光周期（光照长度）、植物体内营养。

①春化作用 低温促进植物开花的作用称为春化作用。一、二年生植物，如萝卜、白菜和芹菜等，在第一年生长季节形成营养体，以营养体越冬，经受一定天数的低温后，第二年春天才能开花结果，否则只进行营养生长。

春化作用的主导因素是低温，不同植物春化作用需求的温度范围和持续的时间不同。对大多数要求低温的植物来说，$1 \sim 2℃$是最有效的春化温度。在一定的范围内，春化的效应会随着低温处理时间的延长而增加。除此之外，氧气（呼吸作用）、水分（>40%）和糖（呼吸作用底物）也是春化过程不可缺少的重要条件。在春化作用还没有完成时将植物置于高温（$40 \sim 50℃$）或缺氧条件下，春化作用的效果即行消失。高温和缺氧消除春化作用效果的现象，称为去春化作用。植物感受春化作用的是正在分裂的细胞，主要是顶端分生组织。春化作用的诱导效应可以通过细胞分裂和嫁接进行传递。

②光周期 某些植物开花受光照时间的制约。植物对于白天和黑夜相对长度的反应或每个昼夜的长短影响植物开花的现象，称为光周期现象。

A. 植物对光周期的反应类型 根据植物对光周期的不同反应，可以把植物分为以下3类。

长日照植物 指在昼夜24h的周期中，经历日照长度长于一定的时数（临界值）才能开花的植物。这类植物的开花通常是在一年中日照时间较长的季节里，如唐菖蒲、凤仙花、令箭荷花、风铃草、小麦、油菜、萝卜、菠菜、蒜、豌豆、天仙子等，用人工方法延长光照时数可使长日照植物提前开花，而且光照时数越长，开花越早，否则将保持营养生长状态，不开花结实。

短日照植物　指在昼夜 24h 的周期中，经历日照长度短于一定的时数(临界值)才能开花的植物。一般深秋或早春开花的植物多属于此类，如牵牛、一品红、菊花、芙蓉花、长寿花、苍耳、水稻、大豆、高粱等，用人工方法缩短光照时间，可使这类植物提前开花，而且黑暗时数越长，开花越早，在长日照下只能进行营养生长而不开花。

日中性植物　指开花不要求一定的昼夜长短的植物。这类植物开花受日照长短的影响较小，在自然条件下，只要温度、湿度等生长条件适宜，就能开花。如月季、仙客来、蒲公英、番茄、黄瓜、四季豆等。

植物对光周期的反应，是植物在进化过程中对日照长短的适应性表现，在很大程度上与原产地所处的纬度有关。长日照植物大多为原产于高纬度地区的植物，短日照植物大多为原产于低纬度地区的植物，因此在引种过程中，必须考虑植物对日照长短的反应。

B. 暗期对开花的影响　在植物的光周期中，暗期的长度是植物成花的决定因素，尤其是短日照植物，要求超过临界值的连续黑暗。在引起短日照植物开花的暗期中间，使用短暂的低强度闪光(暗中断)，就可以消除暗期的作用，使短日照植物不能开花。这是因为短暂的闪光就相当于将短日照植物暴露在长日照下，使开花受到阻碍。而对于长日照植物来说，决定其开花的是它的光照时间，这样恰好促进其开花(图 6-4)。

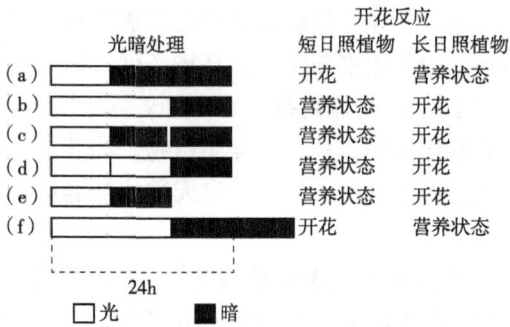

图 6-4　暗期长短及暗期间断对植物开花的影响
(王忠，2000)

C. 光期对开花的影响　光期也是光周期中不可缺少的条件。短日照植物开花虽然需要较长的暗期，但光期过短也不能成花。如大豆在固定 16h 的暗期中，光期延长，开花增加。光期的作用与光合作用有关。

D. 临界日长　植物能够开花的最长或最短日照长度的临界值，称为临界日长。对于短日照植物则是指成花所需的最长日照长度，对于长日照植物则是指成花所需的最短日照长度。一般认为，临界日长为 12~14h。实际上，不是任何植物都如此。每种植物有其自身的临界日长，不一定长日照植物所要求的日照时数一定比短日照植物长。有的短日照植物如苍耳，临界日长可达 15.5h；而有的长日照植物如天仙子，临界日长仅 12h。

E. 光周期诱导　发生光周期反应的部位是芽，而感受光周期的部位是叶片。对光周期敏感的植物只有在适宜的日照条件下才能开花，但引起植物开花的适宜光周期处理(适宜日照长度)并不需要一直延续到花的分化为止。

当植物经过足够数量的适宜的光周期处理后，即使再处于不适合的光周期下，那种在适宜光周期下产生的诱导效应也不会消失，植物仍能正常开花，这种现象称为光周期诱导。在适合的光周期诱导下，植物叶片中合成某种促进开花的物质(开花刺激物)运到顶端分生组织，引起植物开花。有实验表明，通过茎干将几株植物嫁接为一体，其中一株植物经过光周期诱导，其他植物即使存在于不适宜的光周期条件下，仍能共同开花(图6-5)。

图 6-5　苍耳的嫁接实验(王忠，2000)

③光质　用不同波长的光来进行暗期间断实验，结果表明：无论是抑制短日照植物开花或诱导长日照植物开花，都是红光最有效。如果用红光照后立即再照以远红光，则不具有暗期间断作用，也就是红光的作用被远红光所抵消。这个反应可以反复逆转多次，而开花与否决定于最后照射的是红光还是远红光。红光可阻止短日照植物开花，而远红光能使其开花；对于长日照植物来说，红光可使植株开花，而远红光则不能使其开花。红光和远红光对植物开花的不同作用说明光敏色素在控制成花作用。

光敏色素有两种类型：一种为红光吸收型，以 Pr 表示，最大吸收波长为 660~665nm；另一种为远红光吸收型，以 Pfr 表示，最大吸收波长为 725~730nm。Pfr/Pr 的值是长日照植物或短日照植物成花诱导的重要条件。长日照植物开花要求较高的 Pfr/Pr 值，而短日照植物则要求有较低的 Pfr/Pr 值。若黑夜较短，或用红光中断暗期，Pfr/Pr 值提高，有利于促进长日照植物开花，短日照植物开花受到抑制。如果黑夜较长，则 Pfr/Pr 值下降，长日照植物就不能开花，而有利于短日照植物开花。

④植物体内营养状况(糖类和含氮化合物含量)　可以影响植物的成花过程，一般用碳氮比(C/N)表示这种关系。当碳占优势时，C/N 值增高，促进植株开花结实；当氮占优势时，C/N 值降低，则促进营养生长。生产上可以人为调节植物的 C/N 值，控制植物营养生长和生殖生长分别按需要的速度进行。在果树栽培中，也可用环剥等方法，使上部枝条积累较多的糖分，提高 C/N 值，促进花芽分化，提高产量。

(2)影响植物花器官性别分化的因素

①光周期　对一些植物花器官的性别分化产生明显的影响。一般来说，短日照促使短日照植物多开雌花，长日照植物多开雄花；长日照促使长日照植物多开雌花，短日照植物多开雄花。光周期对植物花器官性别分化的影响非常明显，如菠菜在经过长日照诱导后，给予短日照处理，在雌株上可以形成雄花。

②温周期　对一些植物的性别分化也产生明显的影响。如黄瓜在凉爽的夜晚促进雄花的分化，而在温暖的夜晚则有利于产生雌花。

③土壤营养状况　对一些植物的性别分化也产生明显的影响。一般情况下，氮肥多、水分充足的土壤促进雌花分化；氮肥缺乏、水分不足的干燥土壤则促进雄花分化。

④植物激素和植物生长调节剂　对植物花器官的性别分化也产生明显的影响，但不同的激素种类产生的效应不同。生长素增加雌花数量，赤霉素增加雄花数量，细胞分裂素利于雌花发育，乙烯利于雌花发育，三碘苯甲酸(TIBA)抑制雌花出现，矮壮素(CCC)抑制

雄花出现等。

(3)春化作用和光周期现象在农业生产中的应用

在生产中，可以根据生产需要，采取相应的栽培管理措施，人为地控制植物(作物)开花，如使植物提前开花或延迟开花，以达到调节其生长与发育的目的。

①花期调控　在园艺生产中，常常利用解除春化效应来控制某些冬性植物开花。例如，洋葱在上一年形成的鳞茎，在冬季贮藏中因温度较低，通过春化作用而提前开花，从而影响形成大鳞茎，在栽培中，常在春季对其进行高温处理以解除春化作用，防止其在生长期抽薹开花。在花卉栽培中，用春化处理可使二年生草本花卉改为春播，在当年开花。如用0~5℃处理石竹诱导其通过春化，可促使其花芽分化。

②引种　对日照条件要求严格的作物品种进行南北跨纬度引种时，其生育期会发生变化，易造成过早或过晚开花，引起减产，甚至颗粒无收。因此，以种子作为收获物的作物引种时要特别注意。短日照作物南种北引生育期延长，应该引进早熟品种；北种南引生育期缩短，应引晚熟品种。长日照作物南种北引生育期缩短，应引晚熟品种；北种南引生育期延长，应引早熟品种。而以收获营养器官为主的作物则可采取相反的措施。

2. 植物的受精生理

(1)花粉和柱头的相互识别

花粉落到柱头上后能否萌发，花粉管能否生长并通过花柱组织进入胚囊，取决于花粉与雌蕊的亲和性和识别反应。自然界中许多植物都表现出自交不亲和性，而在远缘杂交中表现出不亲和性的现象更是普遍。

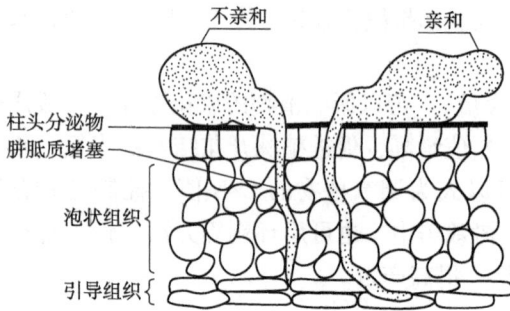

图6-6　柱头与花粉粒的识别(邹良栋，2012)

花粉的识别物质是壁蛋白，而雌蕊的识别物质是柱头表面的亲水蛋白质膜和花柱介质中的蛋白质。如果花粉与柱头是亲和的，花粉管前端产生溶解柱头薄膜下角质层的酶，柱头角质层被溶解，花粉管穿过柱头而生长；如果二者不亲和，柱头的乳突即产生胼胝质，阻碍花粉管穿过，使受精失败(图6-6)。

(2)受精后雌蕊的生理生化变化

受精后，雌蕊的呼吸速率明显增加，比未受精时增加0.5~1倍，同时吸收水分和无机盐的能力增强，糖类和蛋白质的代谢加快，生长素含量急剧增加，从而使更多的有机物被"吸引"到雌蕊中，子房便迅速生长发育成果实。

受精后，子房中生长素含量剧增是引起子房代谢剧烈变化的原因之一。生产中用生长素类物质处理未受精的雌蕊，可促进子房膨大形成无籽果实。在自然界，香蕉、柑橘和葡萄等一些品种存在单性结实现象，就是由于其未受精的子房中含有高浓度的生长素的缘故。

3. 种子的成熟

(1)种子成熟过程中糖类、脂肪、蛋白质等的变化

淀粉种子成熟过程中，可溶性糖含量逐渐降低，而不溶性糖类的含量不断提高。如豌

豆、菜豆、蚕豆等，伴随种子的成熟，胚乳中的蔗糖、葡萄糖、果糖等还原糖的含量迅速减少，而淀粉的含量迅速上升。

油料种子在成熟过程中，脂肪含量不断增加，而总含糖量(葡萄糖、果糖和淀粉等含量)则不断下降。油菜种子的相关实验表明，形成的脂肪是由糖类转化而来的。种子成熟初期所形成的脂肪中含有较多的游离脂肪酸，这些脂肪酸主要是饱和脂肪酸。随着种子的成熟，游离脂肪酸逐渐合成复杂的油脂，饱和脂肪酸逐渐转变为不饱和脂肪酸。

豆科植物的种子中蛋白质含量较多，其种子在成熟过程中，先在豆荚中合成蛋白质，成为暂时的贮藏蛋白，然后氮以酰胺态被运输到种子中转变为氨基酸，再由氨基酸合成蛋白质。

(2)种子成熟过程中激素的变化

种子成熟过程中，内源激素也在不断发生变化。如小麦种子成熟过程中，首先出现的是细胞分裂素(可能调节形成籽粒的细胞分裂过程)，然后是赤霉素和生长素(可能调节有机物向籽粒的运输和积累)。此外，籽粒成熟期间脱落酸大量增加，可能与籽粒生长后期的成熟和休眠有关。

(3)种子成熟过程中呼吸速率的变化

种子成熟过程也是有机物的合成过程，需要消耗能量，所以与呼吸速率有密切的关系。干物质积累迅速时，呼吸速率也旺盛；种子接近成熟时，呼吸速率则逐渐降低。

4. 果实的成熟

肉质果实发育过程中，除形态发生变化外，颜色与化学成分也发生相应的变化。

未成熟的果实是绿色的，且质地硬，没有甜味与香味，有涩味。成熟后的果实，呈现出品种固有的色泽，柔软香甜。这是果实在成熟过程中发生了一系列生理生化变化的结果。

(1)物质含量的变化

①糖类转化　果实成熟初期，由叶片中运来的糖类，首先以淀粉的形式储存在果肉细胞中，此时的果实既生硬，又无甜味。随着果实发育成熟，淀粉水解为可溶性糖，果实逐渐变甜(图6-7)。

②原果胶分解　果实未成熟时发硬，主要是初生细胞壁中沉积了不溶于水的原果胶。果实成熟过程中，原果胶酶和果胶酶活性显著增强，从而将原果胶分解为可溶性的果胶、果胶酸和半乳糖醛酸。这时果肉中的可溶性果胶类物质含量增加，果肉细胞相互分离，使果肉变软。

③有机酸减少　未成熟的果实，在果肉细胞的液泡内积累了很多如苹果酸、柠檬酸、酒石酸等有机酸，因而果实具有酸味。随着果实成熟，

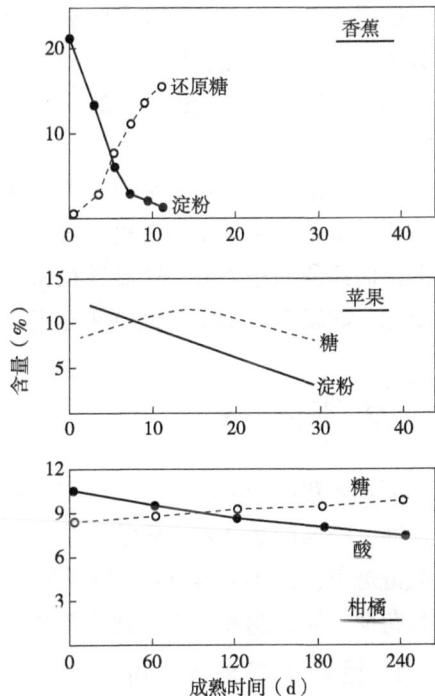

图6-7　果实成熟过程中淀粉的水解作用
(王忠，2000)

一部分有机酸转变为糖，一部分有机酸通过呼吸作用氧化分解成 CO_2 和 H_2O，还有一部分有机酸被 K^+、Ca^{2+} 中和生成盐。因此，果实成熟后有机酸含量降低，酸味下降，甜味增加。

④单宁氧化　未成熟的柿子、李子等果实有涩味，是由于细胞液内含有单宁的原因。果实成熟时，单宁被过氧化物酶氧化成无涩味的过氧化物，或单宁凝结成不溶于水的胶体物质，从而使涩味消失。

⑤芳香物产生　果实成熟时，产生一些具有香味的物质。这些物质主要是脂肪族和芳香族的酯，还有一些特殊的醛类。如香蕉的特殊香味是乙酸戊酯，橘子中的香味是柠檬醛。

⑥色素类变化　某些果实在成熟时，果皮颜色由绿色逐渐转变为黄色、红色或橙色。主要是由于叶绿素逐渐被破坏，而使类胡萝卜素的颜色显现出来，同时由于形成花色素苷而呈现红色。光直接影响花色素苷的合成，因此果实的向阳面总是着色较好。

⑦乙烯合成　果实成熟时乙烯释放量迅速增加，提高了果皮的透性，加速了果实内部的氧化过程，促进果肉细胞中淀粉酶及果胶酶的活动，因而加速了果实的成熟过程。

(2) 呼吸强度的变化

随着果实发育至成熟，其呼吸强度也不断发生变化。果实将要成熟时，呼吸强度明显降低，然后急剧升高，呼吸强度急剧升高的峰值称为呼吸高峰，随后呼吸强度又下降，此过程称为呼吸跃变。大量实验已经证明，果实成熟之所以出现呼吸峰，是由于果实中产生乙烯的结果。

根据成熟过程中是否存在呼吸跃变，可将果实分为跃变型和非跃变型两类。跃变型果实有苹果、梨、香蕉、桃、杏、柿、无花果、猕猴桃、番茄、西瓜、甜瓜、哈密瓜等；非跃变型果实有柑橘、橙子、葡萄、樱桃、草莓、柠檬、荔枝、可可、菠萝、橄榄、黄瓜等。

跃变型果实的呼吸速率随成熟程度而上升。不同果实的呼吸跃变差异很大。苹果呼吸高峰值是初始呼吸速率的 2 倍，香蕉几乎是 10 倍。多数果实的呼吸跃变可发生在母体植株上，而鳄梨和杧果的一些品种在树上未采摘时不成熟，采摘离体后才出现呼吸跃变和成熟变化。非跃变型果实在成熟期呼吸速率逐渐下降，不出现高峰。

任务实施

菊花是我国十大名花之一，是典型的短日照植物，自然花期为秋末冬初。一般 4~5 月扦插，扦插后 25d 左右定植，8 月下旬花芽开始分化，9 月中旬花蕾开始形成，10 月中旬绽蕾透色，10 月底至 11 月初开花进入观赏期。在菊花生产中，常通过调控光照时间控制其花期，通过遮光处理实现菊花的促成栽培，通过补光处理实现菊花的抑制栽培。

1. 目标花期 8 月中旬

(1) 品种选择

选择菊花中花品种'绚秋凝红'(红色)、'绚秋粉黛'(粉白色)、'绚秋凝霜'(白色)。

（2）植株选择及扦插苗管理

于 5 月下旬进行扦插。选用 12cm 口径双色盆，盆土采用泥炭、松针土、珍珠岩，其比例为 2∶1∶1，消毒后装盆。采取健壮母株长 5~6cm 的嫩梢，去掉下部 1~2 片叶，基部用 0.01% 吲哚丁酸或 0.1% 生根粉处理 20~30s，插入盆内基质中。每盆 3 株，扦插深度 1~1.5cm，确保直插过程中品种不混杂；尽量保持插穗新鲜，随采随插。如果不能及时扦插，可暂时保存在 4℃ 冰箱中。扦插后 7d 后可见生根，生根后揭膜。要求在傍晚揭膜，揭膜后浇一遍清水，并喷施广谱性杀菌剂。

（3）遮光处理

①遮光处理时间　在自然日照长度大于 12h 的季节，必须通过人工遮光的措施来实现短日照条件，促成花芽分化。遮光处理开始时间分别是 6 月 28 日、7 月 7 日，停止遮光时间为 8 月 6 日。遮光处理天数分别为 30d 和 40d。

②遮光方法　在 18:00~19:00 展开遮光幕，并在第二天 7:00~8:00 将遮光幕收起。每天连续遮光 12.5~13h，直至花蕾透色。要求白天完全遮光后，内部光照强度 4lx 以下，并且遮光期间连续不中断，夏季注意夜间棚内温度不能高于 30℃。下午遮光后，棚内温度会急剧上升，可以提前 30min 遮光至 70%，保持通风，待散完热量后再完全遮光。如果有必要，在 21:00（自然黑天）后打开遮光膜降温，在第二天 3:00 前再重新遮上，确保遮严无漏光。

（4）其他管理

①水肥管理　浇水应充分考虑季节、温度、光照、湿度、土质等因素。在遮光后期，要保证充足的水分，每 4~5d 浇水一次。揭膜后 3~5d 浇水一次，每次 10~15L/m²。揭膜后第 2~3 周"看苗浇水"，让植株处于半饥渴状态，以刺激根系生长，为以后的快速生长打好基础。以后每 4~7d 浇水一次。前期施肥用 1∶1∶1 的肥料，如 N∶P₂O₅∶K₂O 含量为 20%∶20%∶20% 的均衡肥料，后期用 11∶6∶35 的高钾肥。

②光照、温度、湿度调节　菊花喜阳光，但光照过强（超过 8×10⁴lx）易造成植株矮小、叶片灼伤、花朵褪色等。过强的光照还会使环境温度太高，通过遮阳方式可以降低温度。长时间处在弱光下（如连续阴天），会使花色变浅，生长延迟。应经常清洁棚膜，以保证足够的透光性。一般控制夜温 16~20℃，日温 22~25℃，日平均温度 20~22℃。夜间温度对花芽的形成有非常重要的影响，25℃ 以上的高温或低于 15℃ 的低温均会抑制花芽的正常分化。菊花以 70%~90% 的相对湿度条件较为适宜。

2. 目标花期国庆节

如果要求在国庆节开花，选取中晚花的菊花品种，于 4 月初扦插，4 月底至 5 月初上盆，7 月底开始遮光处理。每天 17:30 到次日 8:30 用黑色塑料布或黑白膜进行遮光，白天保证不小于 9h 光照，其余时间是黑暗。遮光期间注意棚内温度控制在 20℃ 左右，利用比久控制株高，加强日常肥水管理，抹芽等整形修剪按常规进行。9 月上旬可现蕾，待菊花透色后停止遮光，9 月底可开花迎国庆。

3. 目标花期元旦

如果要求在元旦开花，选取晚花菊花品种，于 7 月初扦插，7 月底上盆，8 月中旬开始补光处理，采用 100W 补光灯，每 3m 设一盏，光照强度 50lx，补光灯高度在植株生长点的上方 70~80cm。每天 23：00 至次日 2：00 补充光照，一直到 10 月下旬。补光处理过程中室温控制在 20℃ 左右，最低不能低于 15℃。补光结束后把植株移到日光温室中，使温度达到花芽分化所需温度（16~22℃），经过两个月（到元旦）即可开花。期间注意控制株高，肥水管理、抹芽等按常规进行管理。

4. 观察统计

总结菊花的促成栽培和抑制栽培管理要点，分析成功实现花期调控的关键技术，填入表 6-2。

表 6-2　植物生殖生长与调控项目记录

菊花品种	自然花期	预期花期	遮光/补光处理开始日期	遮光/补光处理停止日期	株高（cm）	开花时间	花色	备注

任务考核

植物生殖生长及调控考核参考标准

考核项目	考核内容	考核标准	考核方法	赋分（分）
基本素质	学习态度	态度认真，学习主动，全勤	单人考核	5
	团队协作	服从安排，与小组成员配合好	单人考核	5
任务实施	菊花品种选择	品种及植株选择正确	小组考核	15
	遮光处理	遮光方法正确，处理时间合理	小组考核	15
	补光处理	补光方法正确，处理时间合理	小组考核	15
	其他栽培管理	管理措施及时，按期开花	小组考核	15
	清理场地	及时清场，不浪费材料，爱惜工具	小组考核	5
职业素质	方法能力	独立分析和解决问题的能力强，表达准确	单人考核	5
	工作过程	工作过程规范、认真	单人考核	20
合　计				100

知识拓展

1. 植物的衰老

植物体的某一部分或整个植株的生理机能逐渐衰退并趋向死亡的现象，称为衰老。衰老是植物发育的正常现象，可以发生在整株植物的水平上，也可以发生在器官和细胞水平上。

（1）衰老过程的生理生化变化

①蛋白质的变化　植物衰老时蛋白质含量明显降低。离体衰老叶片中蛋白质的降解发

生在叶绿素分解之前，在蛋白质水解的同时，随着游离氨基酸的积累，可溶性氮会暂时增加；未离体叶片衰老时，氨基酸可以酰胺形式转移至茎或其他器官而被再度利用。

②光合色素的变化　叶绿素逐渐丧失是叶片衰老最明显的特点。当叶片衰老时，叶绿体结构被破坏，叶绿素含量迅速下降，从而导致光合速率明显下降。

③呼吸作用的变化　衰老时，叶片的呼吸速率下降，但下降速度比光合速率慢。在衰老开始时，有些植物叶片的呼吸速率保持平稳，而在衰老末期，呼吸速率迅速下降。

④植物激素的变化　植物的衰老受内源激素的调节。衰老时内源激素的种类、含量会发生变化，通常促进生长的激素如细胞分裂素、生长素、赤霉素等含量减少，而诱导衰老和成熟的激素如脱落酸、乙烯等含量增加。

⑤细胞结构的变化　叶片衰老过程中，细胞内部各种结构都发生破坏，最后质膜也被破坏，于是细胞内部的物质大量外流，细胞本身解体。

（2）衰老的控制措施

光照能延缓植物衰老，其中，红光能阻止蛋白质和叶绿素含量的减少，远红光照射则能消除红光的阻止作用，因而光照延缓衰老是光敏素在衰老过程中起着光控制作用。此外，植物激素能有效地调控衰老，生长素、赤霉素和细胞分裂素等能延缓叶片衰老，而脱落酸和乙烯则促进叶片衰老。

2. 植物的脱落

脱落是指植物的细胞、组织或器官脱离母体的过程。老叶与成熟果实的脱落，是器官衰老的自然特征。营养失调、干旱和病虫害等可使器官在尚未长成时就提早脱落，属于异常脱落。因此，有效地控制异常脱落，是保证作物产量的途径之一。

（1）影响花和果实脱落的因素

主要因素是激素和营养。受精后的子房、胚或胚乳会产生一些激素，促进子房生长并发育成果实。含种子较多的果实，往往比含种子较少的果实长得大些。如果由于某些原因使果实中一部分种子没有发育，果实这部分的生长也减弱，这就是畸形果形成的主要原因。激素对果实的作用，除了能够促进子房的生长发育外，还能抑制离层的形成，使花、幼果不易脱落。果实中的种子如果能继续发育，果实也不易脱落。而在果实发育的后期，脱落酸和乙烯含量增加，导致果实脱落，这是一种正常的脱落。

果实和种子形成需要有大量营养物质供应，如果营养不良，果实的发育就会受到影响，甚至脱落。一般的落果主要是由于营养失调所引起的。肥水不足，植物生长不良，叶面积小，光合能力较弱，光合产物较少，不能满足大量花、果生长的需要，是落果的原因之一。但如果水分和氮肥过多，营养生长过旺，光合产物大量消耗于枝叶生长方面，使花、果得不到足够的营养，也会导致果实营养不良而脱落。而干旱、高温、光线不足、病虫等所引起的落果，也是因为这些因素影响了植物的营养供应之故。可见营养是促进果实和种子发育的主要条件，而营养失调则是引起落花、落果的主要原因。要防止落花、落果，就需要改善植物的营养条件，这是农业生产管理的主要内容。

（2）脱落的控制措施

植物激素能有效地控制脱落。低浓度的生长素促进脱落，高浓度的生长素则抑制脱落。赤霉素能抑制脱落，而脱落酸和乙烯能促进脱落。喷洒 40μg/L 的萘乙酸钠可对梨树和苹果树进行疏花、疏果，避免坐果过多使果实品质变劣。

思考与练习

1. 什么是春化作用？简要说明春化作用的条件。
2. 什么叫光周期现象？简述各光周期类型植物的特点。
3. 举例说明如何利用春化作用和植物光周期特点为农业生产服务。
4. 种子成熟过程中发生哪些生理生化变化？有什么特点？
5. 说明肉质果实成熟由绿、硬、涩变红、软、甜、香的原因。
6. 什么原因引起植物衰老和脱落？如何控制？

项目 7　　测定植物逆境生理指标

　　植物在自然界经常会遇到不适于正常生长的环境条件，如严寒、酷热、干旱、水涝、病虫灾害和环境污染等，通常将这些不良环境条件称为逆境。植物对逆境抵抗及忍耐的能力称为植物的抗逆性，简称抗性。抗逆性是植物在对环境的逐步适应过程中形成的，这种适应性形成的过程，称为抗性锻炼。

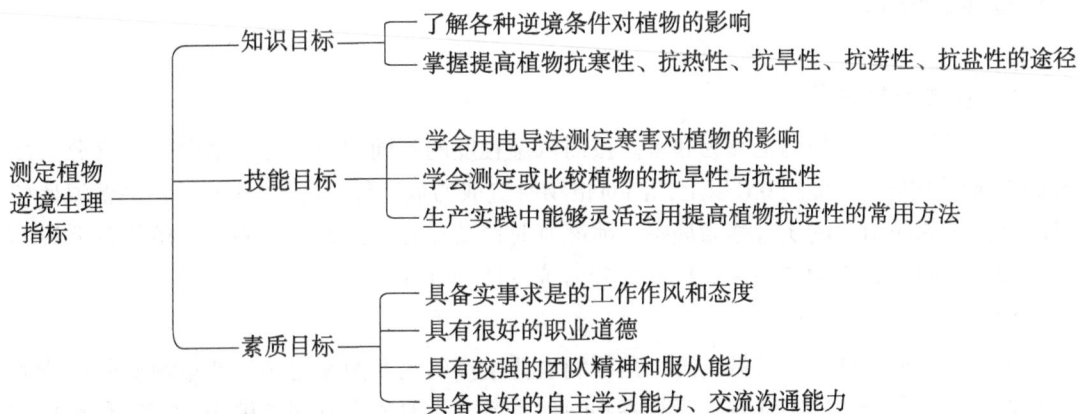

测定植物逆境生理指标

- 知识目标
  - 了解各种逆境条件对植物的影响
  - 掌握提高植物抗寒性、抗热性、抗旱性、抗涝性、抗盐性的途径

- 技能目标
  - 学会用电导法测定寒害对植物的影响
  - 学会测定或比较植物的抗旱性与抗盐性
  - 生产实践中能够灵活运用提高植物抗逆性的常用方法

- 素质目标
  - 具备实事求是的工作作风和态度
  - 具有很好的职业道德
  - 具有较强的团队精神和服从能力
  - 具备良好的自主学习能力、交流沟通能力

任务 7-1　测定植物的抗寒性与抗热性

🌲 任务目标

了解极端温度对植物生长的影响，理解极端温度对植物细胞膜透性伤害的程度，掌握测定细胞膜透性变化的原理和技术。

任务准备

学生每 4~6 人一组，每组准备以下材料和用具：小麦叶片（或树木的枝条或其他植物组织）；冰箱、电导率仪（DDS-11A 型）、电子天平、真空泵（附真空干燥器）、DJS-1 型铂黑电极；烧杯、具塞试管、剪刀、打孔器、量筒、镊子、塑料自封袋、吸水纸条、玻璃棒、洗瓶、记号笔等。

基础知识

1. 植物的抗寒性

低温对植物造成的伤害称为寒害。按照低温程度的不同和植物受害情况，寒害分为冷害和冻害两大类。一般把 0℃ 以上低温对植物所造成的危害称为冷害；0℃ 以下的低温使植物组织内结冰而引起的伤害称为冻害，冰冻有时伴随霜降，因此也称霜冻。植物对低温的适应和抵抗的能力称为抗寒性。抗寒性分为抗冷性和抗冻性。

（1）冷害

冷害是一种全球性的自然灾害，是限制农业生产的主要因素之一，严重地威胁植物的生长发育。在我国，冷害常发生于早春和晚秋季节，主要危害时期是植物的苗期和籽粒或果实成熟期。很多热带和亚热带植物甚至不能忍受 0~10℃ 的低温。

①冷害的类型　根据低温对植物的危害特点，把冷害分为 3 类。

延迟型冷害　植物在营养生长期遇到低温，使生育期延迟的一种冷害。在我国，水稻、大豆、玉米、高粱等作物都遭受过这种冷害。主要特点是使生长、抽穗、开花延迟，虽能正常受精，但由于不能充分灌浆与成熟，使水稻青米率高、大豆青豆多、玉米含水量高、高粱秕粒多，不但产量降低，而且品质明显下降。

障碍型冷害　植物在生殖生长期间（花芽分化至抽穗开花期）遭受短时间的异常低温，使生殖器官的生理功能受到破坏，造成完全不育或部分不育而减产的一种冷害。如水稻在抽穗开花期遇 20℃ 以下低温、阴雨连绵的天气，会破坏授粉与受精过程，形成秕粒。

混合型冷害　在同一年度里同时发生延迟型冷害和障碍型冷害，即在营养生长期遇到低温致使抽穗延迟，在生殖生长期遇到低温造成不育，最终导致产量大幅度下降。

从生理机制上，冷害又可分为两类。

直接伤害 植物受冷害后伤害出现较快，在短时间内（几小时甚至几分钟，最多在一天内）即出现症状，说明这种影响已侵入细胞间隙，直接破坏原生质活性。

间接伤害 植物受到缓慢的降温影响，至少要在几天甚至几周后才出现症状。这是因低温引起代谢失调的缓慢变化而造成对细胞的伤害，并不是低温直接造成的损伤，这种伤害现象极普遍，又称为次级伤害，即是某一器官因低温胁迫而使其主要的功能减弱甚至丧失后而引起的伤害。

②冷害对植物的影响 植物遭受冷害之后，最明显的症状是生长速度变慢，叶片变色，有时出现伤斑、凹陷；组织柔软、萎蔫；死苗或僵苗不发；木本植物芽枯、顶枯，花芽分化少，结实率低等。同时冷害的发生也导致植物内部生理生化发生变化，主要体现在以下几个方面。

膜系统受破坏 冷害对植物的伤害主要是破坏细胞中膜的结构。在低温影响下，膜由液晶态变为凝胶态，透性增大，使得与膜有关的酶活性下降。冷害对膜系统及原生质的影响因植物不同而有差异，对冷害敏感的植物如番茄、烟草、西瓜、玉米等在10℃低温下放置 $1\sim2min$，原生质流动明显变慢甚至停止；而对冷害不敏感的植物如甘蓝、胡萝卜、甜菜、马铃薯等在0℃时原生质仍流动。

水分平衡失调 植物遭受冷害后，根系活力下降，蒸腾失水大于吸水，尤其在寒潮过后，气温转暖，叶温升高迅速，地温升高缓慢，植物组织的含水量降低加剧，水分平衡失调，致使植物的叶片、枝条等萎蔫、干枯甚至发生器官脱落。

光合速率减弱 低温影响叶绿素的生物合成和光合作用过程中各种酶的活性，使叶绿素分解加剧、合成受阻，叶片失绿，光合速率下降。如果再同时遭遇阴雨、光照不足，促使冷害现象更为严重。

呼吸代谢失调 遭受冷害后的植物，呼吸速率先上升，后下降，发生较大波动。冷害初期，呼吸速率升高，释放较多热能，用以提高植株的温度，是一种保护反应，利于抵抗冷害。之后随着酶活性的降低，有氧呼吸受到抑制，无氧呼吸相对加强，是伤害性反应，不利于植物的正常代谢。

③提高植物抗冷性的途径

低温锻炼 是提高植物抗冷性的有效途径。经过锻炼的幼苗，细胞膜内不饱和脂肪酸含量提高，膜结构和功能较稳定。因此，许多植物如果预先给予适当的低温处理，以后即可经受更低温度的影响不致受害。例如，春播的玉米种子播前浸种并经过适当的低温处理，可提高苗期的抗寒力。

化学药剂处理 使用化学药剂可以提高植物的抗冷性。如玉米、棉花的种子播种前用福美双处理，可提高植株的抗冷性；水稻、玉米苗期喷施矮壮素、抗坏血酸，也可提高抗冷性。此外，一些植物生长物质如细胞分裂素、脱落酸等也能提高植物的抗冷性。

培育抗寒早熟品种 是提高植物抗冷性的根本办法。通过遗传育种，选育出具有抗寒特性或开花期能够避开冷害季节的作物品种，可减轻冷害对植物的伤害。

此外，营造防护林，增施有机肥，增加磷、钾肥的比例，也能提高植物的抗冷性。

（2）冻害

冻害也称霜冻。引起冻害的温度范围与植物种类、器官、生育时期和生理状态有关，如有的越冬作物可忍受$-12 \sim -7$℃低温，休眠的白桦可忍受-45℃左右的低温。而植物受冻害的程度，主要取决于降温的幅度、降温持续时间、化冻速度等因素。

①冻害对植物的影响　冻害对植物的危害主要是由于组织或细胞结冰引起的伤害。由于温度下降的程度和速度不同，植物体内结冰的方式不同，受害的情况也有所不同。

A. 细胞间结冰（胞外结冰）　对植物造成的伤害主要体现在以下3个方面。

原生质脱水　由于细胞间隙结冰降低了细胞间隙的蒸汽压，而细胞内含水量较大，周围细胞的水蒸气便向细胞间隙的冰晶凝聚，使得冰晶的体积增大，导致原生质脱水，蛋白质变性，膜系统受损。

机械损伤　当细胞间的冰晶体积不断聚集增大，会使细胞变形，对原生质造成机械损伤。

融冰伤害　当环境温度骤然回升时，冰晶融化迅速，细胞壁吸水膨胀后迅速恢复原状，而原生质体却来不及吸水膨胀而被撕裂损伤。如冰冻的大葱遇高温化冻后，立即瘫软成泥，如果缓慢解冻则仍能恢复正常生长。

B. 细胞内结冰（胞内结冰）　温度迅速下降，除了细胞间结冰外，细胞内的水分也结冰。细胞内结冰一般先在原生质内结冰，然后在液泡内结冰。细胞内结冰对细胞伤害更为直接，细胞内冰晶体积小，数量多，膨大的冰晶会破坏生物膜、细胞器和衬质的结构，使细胞亚结构的隔离被破坏，造成不可逆的机械损伤。细胞内结冰常给植物带来致命的损伤。

②植物的抗冻性　植物对0℃以下低温逐渐形成的一种适应能力称为抗冻性。植物在长期进化过程中，在生长习性方面对冬季的低温有各种特殊的适应方式。例如，一年生植物主要以干燥种子形式越冬；大多数多年生草本植物越冬时地上部死亡，而以埋藏于土壤中的变态器官（如鳞茎、块茎）越冬；大多数落叶树越冬前形成或加强保护组织（如芽鳞）和落叶。此外，植物在生理生化方面也会产生一系列的适应性变化。

植株含水量下降　随着温度下降，植株吸水较少，总含水量逐渐下降。同时由于植株内细胞在适应低温的过程中亲水性物质含量增多，束缚水与自由水的相对比值增大。由于束缚水不易结冰和蒸腾，所以总含水量的减少和束缚水含量的相对增多有利于植物抗寒性的加强。

呼吸代谢减弱　植物的呼吸随着温度的下降而逐渐减弱，很多植物在冬季的呼吸速率仅为生长期中正常呼吸的1/200。细胞呼吸代谢减弱，消耗的糖分少，有利于糖分积累，从而有利于对冷冻环境的抵抗。一般来说，抗冻性弱的植物呼吸代谢减弱得较快，而抗冻性强的植物则呼吸减弱得较慢，比较平稳。

激素含量变化　多年生树木（如桦树等）的叶片，随着秋季日照时间变短、气温降低，逐渐形成较多的脱落酸，并将其转运到生长点（芽），抑制茎的伸长，而生长素与赤霉素的含量则减少。许多实验证实，植物体内的脱落酸水平与其抗冻性呈正相关。

生长停止，进入休眠　冬季来临之前，植株生长变得很缓慢，甚至停止生长，进入休眠状态。

保护物质增多 在温度下降的过程中，淀粉水解加剧，可溶性糖含量增加，从而使细胞液的浓度升高，使冰点降低，可避免细胞的过度脱水，保护原生质胶体不致遇冷凝固。越冬期间，北方树木枝条特别是越冬芽中脂类化合物集中在细胞质表层，水分不易透过，代谢减弱，细胞内不易结冰，也能防止过度脱水。

③提高植物抗冻性的措施

抗冻锻炼 通过抗冻锻炼，植物会发生各种生理生化变化。例如，植物细胞中的自由水含量减少，束缚水含量相对增多；细胞膜不饱和脂肪酸含量增多，细胞膜相变的温度降低；同化物积累明显，特别是糖的积累；激素比例发生改变等。因此，抗冻锻炼不仅是植物适应冷冻的主要方式，也是提高抗冻能力的主要途径。

化学调控 一些植物生长物质可以用来提高植物的抗冻性。例如，用生长延缓剂与比久处理，可提高槭树的抗冻力，脱落酸也可以提高植物的抗冻性等。通过化学调控抵抗逆境（包括冻害）已成为现代农业的一个重要手段。

农业措施 加强田间管理，能在一定程度上提高植物抗冻性。如及时播种、培土、控肥、通气，促进幼苗健壮，防止徒长；寒流霜冻来临前实行冬灌、熏烟、盖草，以抵御强寒流袭击；实行合理施肥，适当提高钾肥比例；早春育秧，采用薄膜苗床、地膜覆盖等。

2. 植物的抗热性

植物对高温胁迫的适应和抵抗能力称为抗热性。

（1）高温对植物的影响

高温对植物的伤害在外部形态结构上表现为：叶片出现明显死斑，叶色变褐、变黄，叶尖坏疽；树皮干燥、开裂；花朵出现雄性不育，花序或子房等器官脱落；鲜果（如葡萄、番茄等）灼伤，甚至死亡脱落。同时，高温的发生也导致植物内部生理生化发生变化，从生理机制上可分为直接伤害与间接伤害两类。

①直接伤害 指高温直接影响细胞质的结构，在短期（几秒到半个小时）高温后就迅速呈现热害症状，并可从受热部位向非受热部位传递蔓延，如树木的日灼病就是典型的直接伤害。一般来说，植物器官的抗热性与细胞含水量有关，细胞的含水量越小，其抗热性越强。故种子越干燥，其抗热性越强；幼苗含水量越大，越不耐热。

②间接伤害 指高温导致代谢异常，逐渐使植物受害，其过程是缓慢的。主要表现为：

代谢性饥饿 植物光合作用的最适温度一般低于呼吸作用的最适温度。因此，当植株处于温度补偿点以上的温度条件时，呼吸作用大于光合作用，就会消耗体内贮存的养分，使淀粉与蛋白质等的含量显著减少。若高温时间过长，植株就会呈现饥饿，甚至死亡。

毒性物质增加 高温使氧气的溶解度减小，抑制植物的有氧呼吸，同时积累无氧呼吸所产生的有毒物质（如乙醇、乙醛等）而毒害细胞。

蛋白质合成速度缓慢、降解加剧 高温一方面使细胞产生了自溶的水解酶类，或溶酶体破裂释放出水解酶使蛋白质分解；另一方面破坏了氧化磷酸化的偶联，因而丧失了为蛋白质生物合成提供能量的能力。此外，高温还破坏核糖体和核酸的生物活性，从根本上降低蛋白质的合成能力。

某些代谢物质缺乏　高温使某些生化环节发生障碍，使得植物生长所必需的活性物质（如维生素、核苷酸）缺乏，从而引起植物生长不良或出现伤害。

（2）提高植物抗热性的途径

①高温锻炼　是指植物在高温条件下经过一定时间的耐热适应以提高抗热性的过程。对组织培养的试管苗或组培苗进行高温锻炼，能够提高其抗热性。

②选择、培育适宜的耐热作物及品种　是目前防止和减轻作物热害的最经济有效的方法。例如，选育生育期短的作物或品种，可避开后期不利的干热条件。

③改进栽培措施　采用灌溉改善小气候，促进蒸腾，有利于降温；采用高秆作物与矮秆作物、耐热作物与不耐热作物间作套种，适当搭配；对于经济作物，可用人工遮阴；树干涂白以防止日灼等，都是行之有效的方法。

④化学药剂处理　叶面喷施 $CaCl_2$、$ZnSO_4$、KH_2PO_4 等，可增加生物膜的热稳定性，从而增加抗热性。

任务实施

1. 取材

称取事先洗净的植物材料 2 份。若用枝条，每份称取 3g，并剪成长 1cm 左右的小段；若用叶片，每份为 2g，并用打孔器打成等面积的小片，将其与打孔剩下来的残体放在一起备用。

2. 漂洗

将所取的两份材料分别放入烧杯中，先用自来水冲洗 3~4 次，然后用蒸馏水或无离子水冲洗 3~4 次。

3. 材料装袋备用

将漂洗后的两份材料分别放入塑料小袋内，封口；其中一袋放入冰箱内 2~24h，另一袋放入温室的干燥器内 2~24h。

4. 测前准备

取 200mL 的烧杯两个，编号，用量筒分别注入 100mL 蒸馏水或去离子水；将冰箱内处理的材料放入 1 号烧杯内，将干燥器内处理的材料放入 2 号烧杯内；将 1 号、2 号烧杯一并放入干燥器内并用真空泵减压，直至材料全部浸到溶液内；浸泡 1h，备用。

5. 测定电导率

将 1 号、2 号烧杯内的浸泡液各取出 50mL 作为测定液，置于电导率仪上测定电导率值（受冻的为 A，未受冻的为 B）；将测定液倒回原烧杯内并置于同温度下，煮沸相同时间（1~2min），静置 1h 后再测定其电导率值（受冻的为 C，未受冻的为 D），单位为 mS/cm。

6. 结果计算

$$受冻材料的相对电导率 = A/C \times 100\%$$

$$未受冻材料的相对电导率 = B/D \times 100\%$$
$$植物受害的百分率 = (A-B)/(C-B) \times 100\%$$

任务考核

植物抗寒能力测定考核参考标准

考核项目	考核内容	考核标准	考核方法	赋分（分）
基本素质	学习态度	态度认真，学习主动，全勤	单人考核	5
	团队协作	服从安排，与小组成员配合好	单人考核	5
任务实施	取材、漂洗、装袋、测前准备	取材正确，在规定时间内完成漂洗与处理，测前准备操作规范	小组考核	25
	测定电导率	正确使用电导率仪，操作熟练	小组考核	20
	结果计算	公式熟练，计算结果准确	单人考核	20
职业素质	方法能力	独立分析和解决问题的能力强，表达准确	单人考核	5
	工作过程	工作过程规范、认真	单人考核	20
合　计				100

知识拓展

植物的抗热性机理

抗热性强的植物在生理上的适应机制主要包括以下几个方面：

（1）具有较高的温度补偿点

凡是温度补偿点高或者在高温下光合速率下降缓慢的植物，其抗热性都比较强。C_3 植物与 C_4 植物比较，两者光合作用的最适温度不同，温度补偿点也不同。C_3 植物光合作用最适温度在 $20 \sim 30℃$，而 C_4 植物光合作用最适温度可达 $35 \sim 45℃$。C_3 植物的温度补偿点低，当温度升高到 $30℃$ 以上时已无净光合产物产生；而 C_4 植物的温度补偿点高，在 $45℃$ 高温下仍有净光合产物产生。

（2）形成较多的有机酸

植物的抗热性与有机酸的代谢强度有关。在高温下植物体内产生较多的有机酸，能够与 NH_3 结合，从而消除 NH_3 的毒害，以增强植物的抗热性。例如，生长在沙漠和干热山谷中的植物有机酸代谢旺盛，抗热能力较强。

（3）具有稳定的蛋白质结构

植物的抗热性最重要的生理基础就是蛋白质的热稳定性。一般抗热性强的植物，其蛋白质都能忍受高温。蛋白质热稳定性主要取决于内部化学键的牢固程度和键能大小。疏水键越多的蛋白质，在高温下越不易发生不可逆的变性与凝聚，其抗热性就越强。

思考与练习

1. 冷害和冻害的主要区别是什么?
2. 简述提高植物抗寒性的途径。
3. 高温对植物的影响有哪些?
4. 如何提高植物的抗热性?

任务 7-2 测定植物的抗旱性与抗涝性

任务目标

了解干旱、水涝对植物生长的影响,熟悉旱生植物的形态特点和生理特点,理解植物抗旱与抗涝机理,掌握提高植物抗旱性与抗涝性的主要途径。

任务准备

学生每 4~6 人一组,每组准备以下材料和用具:4 个不同品种小麦籽粒;0.1%氯化汞溶液、15%PEG(聚乙二醇)溶液、17.6%蔗糖溶液;发芽箱、烧杯、培养皿、定性滤纸、量筒、镊子、记号笔等。

基础知识

1. 植物的抗旱性

土壤水分过度缺乏或大气相对湿度过低(即干旱)对植物造成的伤害,称为旱害。干旱分为大气干旱和土壤干旱。大气干旱时土壤水分不缺,但由于外界温度高而相对湿度较低,植物的蒸腾量超过吸水量,于是破坏其体内水分平衡,植株暂时萎蔫,甚至表现出叶茎干枯等危害。干热风就是大气干旱的典型例子。如果大气干旱持续时间较长,便会引起土壤干旱。土壤干旱时,土壤中缺乏植物能够吸收利用的水分,植物根系吸水量满足不了叶片蒸腾失水量,植物组织处于缺水状态,不能维持正常生理活动,生长缓慢甚至完全停止。

(1)旱害对植物的影响

在干旱胁迫下,植物体内水分失衡,细胞失水皱缩,叶片和茎的幼嫩部分下垂,这种现象称为萎蔫。萎蔫可分为暂时萎蔫和永久萎蔫两种。在夏季酷热的中午,蒸腾作用强烈,水分供应暂时亏缺,叶片与嫩茎呈现萎蔫,但到了夜晚,蒸腾作用减弱,根系供水充足,植物恢复挺立状态,这种现象称为暂时萎蔫。当土壤已无可供植物吸收利用的水分,引起植物整株缺水,根毛死亡,即使经过夜晚,萎蔫也不会恢复,这种现象称为永久萎蔫。

干旱对植物生理生化的影响主要体现在以下几个方面。

①水分重新分配　当干旱造成水分缺失时，植物水势低的部位会从水势高的部位争夺水分，从而加速器官的衰老。如地上部分从根系夺水，造成根毛死亡。因干旱时植物将水分分配到成熟部位的细胞中，所以一般受害较为严重的部位是幼嫩的组织及器官。如禾谷类作物幼穗分化时遇到干旱，小穗数和小花数减少；灌浆期缺水，籽粒不饱满。

②光合作用速率下降　由于叶片干旱缺水，导致脱落酸含量增加，气孔关闭，二氧化碳的供应减少，使叶绿体对二氧化碳的固定速度降低。同时，缺水也抑制叶绿素的合成和光合产物的运输，从而导致光合作用速率显著下降。

③呼吸作用增强　缺水使活细胞中水解酶活性加强，合成酶的活性降低甚至完全丧失活性，从而增加了呼吸原料。在严重干旱的条件下，会引起氧化磷酸化解偶联，磷氧比下降，因此呼吸时产生的能量多半以散热的形式流失，ATP合成减少，从而影响多种代谢过程的进行。

④蛋白质含量降低　由于植物缺水，RNA酶活性加强，导致多聚核糖体缺乏以及RNA合成被抑制，从而影响蛋白质合成。

⑤激素变化　干旱对植物体内激素的影响总体规律表现为：延缓或抑制生长的激素增多，而促进生长的激素减少，较明显的是乙烯合成加强，脱落酸含量增加，细胞分裂素合成受到抑制。

（2）植物的抗旱性

植物对干旱的适应能力称为抗旱性。抗旱性强的植物能够抗旱的原因，是它们具有抗旱的形态结构和生理基础。

①抗旱植物的形态特点　叶片细胞较小；气孔较密，有的气孔凹陷；输导组织发达；细胞壁较厚，机械组织的细胞较多；角质层和蜡质层较厚；根系发达，根冠比值高。这些特点都有利于植物减少蒸腾和增加对水分的吸收。

②抗旱植物的生理特点　抗旱植物植株上部叶子的含水量低，积累糖分较多，细胞液的浓度较高，因此上层叶子的水势较低，容易从下部叶子吸取水分。在干旱来临时，叶子含水量稍有下降，气孔就能灵敏地做出反应而迅速关闭，以减少水分蒸腾。

植物散失水分主要是通过气孔蒸腾和角质层蒸腾，而且角质层蒸腾量通常远远低于气孔蒸腾量。但对于植物的抗旱性来说，不同植物之间的角质层蒸腾速率的差异，比气孔蒸腾速率的差异更为重要。在干旱条件下，由于气孔会关闭，气孔蒸腾作用减弱，结果正是角质层蒸腾量的大小决定了植物的抗旱性。例如，冬青比杜鹃花抗旱，就是由于冬青的气孔关闭迅速而且角质层较厚，水分通过角质层的蒸腾量小。

植物适应干旱的另一种形式是在水分亏缺到一定程度时，叶子脱落以减小蒸腾表面积，这是沙漠中的木本植物适应干旱的一种极为重要的方式。许多草本植物在干旱时将叶子卷起，也是减少蒸腾表面积的适应方式。

肉质植物如仙人掌、瓦松等，是典型的旱生植物。一方面，它们的茎或叶子都有发达的贮水组织，能贮存大量的水分，所以能在极端干旱的环境里生存；另一方面，它们在干旱的条件下，仍能保持较强的同化能力。它们的气孔昼闭夜开，在昼夜两段不同的时间内进行CO_2的吸收和有机物的制造。这对于它们在干旱的环境中生存十分有利。因为晚上气孔开放，正是空气湿度高的时候，可使蒸腾量大大减小。

（3）提高植物抗旱性的途径

①干旱锻炼　播种前对萌动的种子给予干旱锻炼，可以提高抗旱能力。如使吸水24h的种子在20℃萌动，然后让其风干，再进行吸胀、风干，如此反复进行3次后播种，植株体内原生质的亲水性、黏性及弹性均有提高，在干旱时能保持较高的合成水平，抗旱性增强。

由于幼龄植株比较容易适应不良条件，幼苗期减少水分供应，使之经受适当缺水的锻炼，也可以增加对干旱的抵抗能力。如"蹲苗"就是适当减少水分供应，使作物在一定时期内处于比较干旱的条件下，抑制作物生长。经过这样处理的作物，往往根系较发达，体内干物质积累较多，叶片保水力强，从而增加了抗旱能力。

②改善矿质营养　氮肥过多或不足对植物抗旱都不利。氮肥过多，枝叶徒长，蒸腾过强；氮肥少，植株生长瘦弱，根系吸水慢。磷、钾肥均能提高其抗旱性。磷能直接加强有机磷化合物的合成，促进蛋白质的合成和提高原生质体的水合程度，增强抗旱能力。钾能改善糖类代谢和增加原生质的束缚水含量，还能增加气孔保卫细胞的紧张度，使气孔张开，有利于光合作用。硼的作用与钾相似，也能提高植物的保水能力和增加糖类合成等。

③使用生长调节剂　目前在农业生产上应用较多的有缩节胺、矮壮素等生长延缓剂。其中，矮壮素可以抑制地上部的生长，增大根冠比，以减少蒸腾量，从而有利于作物抗旱。

2. 植物的抗涝性

水分过多对植物的伤害并不在于水分本身，而是由于水分过多引起缺氧，从而产生一系列的危害。

（1）水涝对植物的影响

①湿害　一般旱田作物在土壤水分饱和的情况下，会发生湿害。湿害常常使作物根系生长受抑，甚至腐烂死亡；地上部分叶片萎蔫，生长发育不良，严重时整个植株死亡。原因有两个方面：一是土壤全部空隙充满水分，土壤缺乏氧气，根部呼吸困难，导致吸水和吸肥都受到阻碍。二是由于土壤缺乏氧气，土壤中的好氧性细菌的正常活动受阻，影响矿质元素的供应；而嫌氧性细菌活动增强，增大土壤溶液酸度，影响植物对矿质元素的吸收，并且产生一些有毒的还原产物如硫化氢和氨等直接毒害根部，导致植物死亡。

②涝害　陆地植物的地上部分如果全部或局部被水淹没，即发生涝害。涝害使作物生长发育不良，甚至导致其死亡。其主要原因是：由于淹水而缺氧，抑制有氧呼吸，致使无氧呼吸代替有氧呼吸，使贮藏物质被大量消耗，同时积累乙醇；无氧呼吸使根系缺乏能量，从而减弱对水分和矿质元素的吸收，使正常代谢不能进行。此时，地上部分光合作用速率下降或停止，使分解量大于合成量，引起植物的生长受抑，发育不良，轻者导致产量下降，重者植株死亡。

（2）植物的抗涝性

植物对水分过多的适应能力或抵抗能力称为抗涝性。不同植物忍受涝害的程度不同，如柳树比杨树耐涝，油菜比番茄、马铃薯耐涝。植物在不同的发育时期抗涝能力不同，如水稻在孕穗期抗涝性最弱，拔节抽穗期次之，分蘖期和乳熟期抗涝性最强。另外，不同环境条件下植物的抗涝性不同。如静水受害大，流动水受害小；污水受害大，清水受害小；高温受害大，低温受害小。

植物的抗涝性主要取决于植物形态结构和生理代谢对缺氧的适应能力。有些生长在非常潮湿土壤中的植物，在体内具有通气组织，以保证根部得到充足的氧气供应。从生理特点看，有些抗涝植物在淹水时不发生无氧呼吸，而是通过其他呼吸途径，如形成苹果酸、莽草酸，从而避免根细胞中毒。

（3）提高植物抗涝性的途径

①加强日常栽培管理　如开沟排水，以降低地下水位；高畦栽培，能有效排涝。

②进行低氧预处理　低氧预处理可以提高植株对水涝缺氧的耐受能力。研究表明，未经低氧处理时，缺氧 24h，细胞质便会发生酸中毒，导致根部死亡；而经过低氧处理后，植物可以存活更久。

③使用生长调节剂　如用 $100\mu mol/L$ 或 $200\mu mol/L$ 的乙烯利处理，能促进不定根的发生，提高根系的表面积，减轻大豆的湿害。

任务实施

本任务是在室内人工模拟干旱条件，进行不同品种小麦芽期的抗旱性鉴定。

1. 操作步骤

将供试的不同品种小麦种子置于 0.1% 的氯化汞溶液中，灭菌 10~15min。在直径 10cm 培养皿内放 4 张定性滤纸，加入 6mL 15%PEG（聚乙二醇）溶液或 30mL 17.6%蔗糖溶液；每个培养皿中均匀摆放一个品种的整齐、健康的小麦籽粒 30 粒，重复 3~4 次。将培养皿放入发芽箱内，25℃ 条件下发芽 7d。分别在萌发后的第三天和第七天测定种子的发芽率和发芽势，评定不同品种小麦种子的抗旱性。也可以同时测定胚芽鞘长度、根长等，以反映不同品种的抗旱性强弱。

2. 结果计算与分析

$$种子发芽率 = 7d\ 发芽的种子数/供试验种子数 \times 100\%$$
$$种子发芽势 = 3d\ 发芽的种子数/供试验种子数 \times 100\%$$

任务考核

植物抗旱能力的测定考核参考标准

考核项目	考核内容	考核标准	考核方法	赋分（分）
基本素质	学习态度	态度认真，学习主动，全勤	单人考核	5
	团队协作	服从安排，与小组成员配合好	单人考核	5
任务实施	取材、处理	取材正确，在规定时间内完成，操作规范	小组考核	25
	发芽观察	按时观察，记载详细	小组考核	20
	结果计算与分析	公式熟练，计算准确，分析全面	单人考核	20

（续）

考核项目	考核内容	考核标准	考核方法	赋分(分)
职业素质	方法能力	独立分析和解决问题的能力强，表达准确	单人考核	5
	工作过程	工作过程规范、认真	单人考核	20
合　计				100

知识拓展

耐旱的陆生植物

陆生植物为了从土壤中吸收水分和养分，必须有发达的根部。为了支撑身体，便于输送养分和水分，还必须有强韧的茎。根与茎都有厚厚的表皮包着，防止水分的流失。在自然界，有一些陆生植物在长期干旱的环境里照样能生长、繁殖，这些植物的器官适应干旱的能力很强。这些耐旱植物主要为低等植物及苔藓，如许多藻类、紫萼藓，维管植物中主要有卷柏和极少数岩壁上着生的有花植物。有些植物在干旱时，体内水分丧失，全株呈风干状态而不死亡(只是休眠)。如卷柏，它的叶片类似柏树的枝条，根能自行从土壤分离，蜷缩似拳状，能够随风移动，一旦遇水就能舒展，所以又得名"九死还魂草"。

思考与练习

1. 旱害对植物的危害主要表现在哪些方面？
2. 简述提高植物抗旱性的途径。
3. 水涝对植物的影响有哪些？
4. 如何提高植物的抗涝性？

任务7-3　测定植物的抗盐性

任务目标

了解土壤盐分过多对植物的危害，熟悉植物的抗盐机理，掌握提高植物抗盐性的途径。

任务准备

学生每4~6人一组，每组准备以下材料和用具：饱满的小麦种子(或幼苗)；浓度分别为0mmol/L、100mmol/L、200mmol/L、300mmol/L、450mmol/L 的 NaCl 溶液；发芽箱、一次性杯子、保鲜膜、量筒、镊子、记号笔等。

基础知识

土壤中可溶性盐过多对植物的不利影响称为盐害。在气候干燥的干旱、半干旱地区由于降水量少而蒸发强烈，盐分不断积累于地表，或沿海地区由于咸水灌溉、海水倒灌等因素，或农业生产中长期不合理施用化肥及用污水灌溉，都会造成土壤盐渍化(土壤表层的盐分含量升高到 1%以上)。

通常钠盐是造成土壤盐分过高的主要盐类，习惯上把含 Na_2CO_3 和 $NaHCO_3$ 为主的土壤称为碱土，把含 $NaCl$ 和 Na_2SO_4 为主的土壤称为盐土；由于二者往往同时存在，因此统称为盐碱土。一般来说，土壤含盐量在 0.2%~0.5%即不利于植物的生长，而盐碱土的含盐量却高达 0.6%~10%，可严重地伤害植物。

1. 土壤盐分过多对植物的危害

盐害对植物的危害主要表现在以下几个方面：

(1)渗透胁迫

由于高浓度的盐分降低了土壤的水势，使植物不能吸水，甚至体内的水分外渗，因而盐害通常表现为生理干旱，使植物的生长受到影响。

(2)离子失调

盐碱土中 Na^+、Cl^-、Mg^{2+}、SO_4^{2-} 等的含量过高，会引起 K^+、HPO_4^{2-}、NO_3^- 等离子的缺乏。如 Na^+ 浓度过高时，植物对 K^+ 的吸收减少，同时也易发生 PO_4^{3-} 和 Ca^{2+} 的缺乏症；若磷酸盐过多，会导致植物缺 Zn^{2+}。植物对离子的不平衡吸收，不仅使植物发生营养失调，抑制了生长，而且会产生单盐毒害作用。

(3)光合速率下降

盐分过多使 PEP 羧化酶和 RuBP 羧化酶活性下降，叶绿素和胡萝卜素的含量降低，气孔开度减小，导致植物的光合速率明显下降。

(4)呼吸作用不稳定

盐分过多对呼吸作用的影响与盐的浓度有关，低盐促进呼吸，高盐抑制呼吸。如紫花苜蓿，在含 5g/L NaCl 的营养液中培养时呼吸速率比对照高 40%，而在含 12g/L NaCl 的营养液中呼吸速率比对照低 10%。

(5)蛋白质合成受阻

盐分过多使许多植物蛋白质的合成受阻，而降解过程加快。原因是：一方面，盐分过多使核酸的分解大于合成，从而抑制蛋白质的合成；另一方面，高盐下氨基酸的合成也受阻。

(6)有毒物质积累

盐分过多使植物体内积累有毒的代谢产物。如大量氮代谢中间产物，包括 NH_3 和某些游离氨基酸转化成的具有一定毒性的腐胺与尸胺(它们又可氧化为 NH_3 和 H_2O_2)。所有这些有毒物质都会对植物细胞造成一定的伤害。

2. 植物的抗盐性

植物对土壤盐分过多的适应能力或抵抗能力称为抗盐性。植物的抗盐方式(机理)有如下几种。

(1)避盐

有些植物以某种途径或方式来避免盐分过多的伤害，称为避盐。避盐又可分为聚盐、泌盐、稀盐和拒盐。

①聚盐　植物细胞能将根吸收的盐排入液泡，并抑制外运。一方面，可减轻毒害；另一方面，由于细胞内积累大量盐分，提高了细胞液浓度，降低水势，促进吸水。如盐角草、碱蓬等。

②泌盐　植物吸收盐分后不存留在体内，而是通过植物茎叶表面的盐腺分泌到体外，并被风吹落或雨淋洗，因此不易受害。如柽柳、匙叶草、大米草等。此外，有些盐生植物将吸收的盐转运到老叶中，最后老叶脱落，避免了盐分在体内的过渡积累。

③稀盐　有些植物代谢旺盛，根系吸水快，植物组织含水量高，能将根系吸收的盐分稀释，从而降低细胞内盐浓度以减轻危害。

④拒盐　有些植物细胞的原生质选择透性强，不让外界的盐分进入植物体内，从而避免盐害。如碱地凤毛菊等。

(2)耐盐

植物在盐分胁迫下，通过自身的生理代谢变化来适应或抵抗进入细胞的盐分的危害，称为耐盐性。主要有以下几种方式。

①耐渗透胁迫　在一定的胁迫范围内，一些植物通过细胞内累积对原生质无伤害的物质，来调节细胞渗透势，以适应由盐过多而产生的水分逆境。

②维持营养平衡　有些植物在盐分过多时能增加对 K^+ 的吸收，某些藻类能在吸收 Na^+ 的同时增加对氮素的吸收，以维持营养元素的平衡。

③保持代谢稳定　某些植物在较高的盐浓度中仍能保持一定的酶活性，维持正常的代谢过程。如大麦幼苗在盐分过多时仍保持丙酮酸激酶的活性。

④具有解毒作用　有些植物在盐分过多环境中能诱导形成二胺氧化酶以分解有毒的二胺化合物(如腐胺、尸胺等)，消除其毒害作用。

3. 提高植物抗盐性的途径

(1)抗盐锻炼

植物的抗盐性是在个体发育中形成的，因此利用植物幼龄期可塑性高、适应力强的特点，用一定浓度的盐溶液处理种子，可明显提高抗盐性。如播种前先让种子吸水膨胀，然后放在适宜浓度的盐溶液中浸泡一段时间。

(2)使用生长调节剂

利用生长调节剂促进生长，稀释体内盐分。例如，在含有 $0.15\%Na_2SO_4$ 的土壤中，小麦生长不良，但若在播种前用 IAA 浸种，小麦生长良好。

(3)改造盐碱土

措施有合理灌溉、适时中耕、泡田洗盐、增施有机肥、施用土壤改良剂以及种植耐盐绿肥、耐盐树种(白榆、沙枣、紫穗槐等)和耐盐碱作物(向日葵、甜菜)等。

(4)选育抗盐品种

通过常规育种手段或采用组织培养、转基因等新技术选育抗盐突变体，培育抗盐新品种，都是提高植物抗盐性的有效手段。

任务实施

本任务是在室内人工模拟盐分条件，测定不同浓度的 NaCl 溶液对小麦幼苗生长的影响。

1. 操作步骤

选取饱满的小麦种子，消毒后播种，培养一定时间后得到幼苗。取 5 个一次性杯子，分别加入浓度为 0mmol/L、100mmol/L、200mmol/L、300mmol/L、450mmol/L 的 NaCl 溶液。用保鲜膜封口，并扎上数孔。选取长势一致的小麦幼苗，每杯内种植 5 株，将 5 个杯子放在相同的环境条件下培养。一周后观察各浓度处理下的幼苗长势情况，逐一测量幼苗的株高。

2. 计算与分析

计算每种 NaCl 浓度条件下小麦幼苗的平均高度。通过平均高度数值的大小，得出 5 种不同浓度 NaCl 溶液对小麦幼苗生长的影响。

任务考核

植物抗盐性比较考核参考标准

考核项目	考核内容	考核标准	考核方法	赋分(分)
基本素质	学习态度	态度认真，学习主动，全勤	单人考核	5
	团队协作	服从安排，与小组成员配合好	单人考核	5
任务实施	取材、处理	取材正确，在规定时间内完成，操作规范	小组考核	25
	生长观察	按时观察，记载详细	小组考核	20
	计算与分析	公式熟练，计算准确，分析全面	单人考核	20
职业素质	方法能力	独立分析和解决问题的能力强，表达准确	单人考核	5
	工作过程	工作过程规范、认真	单人考核	20
合　计				100

知识拓展

植物耐盐新品种培育

植物细胞的液泡能够贮藏植物代谢产生的废弃物而不影响细胞的正常生长与发育。据此，科学家试图把盐离子从植物细胞的细胞质内搬运到液泡中，将其隔离，使盐离子不再伤害植物。而指挥这种搬运工作的就是液泡膜上的钠氢逆向转运蛋白。目前，科学界已经克隆了大量钠氢逆向转运基因并进行了该类基因的工程化尝试。但是，在实际应用中发现，这种钠氢逆向转运蛋白的活性不强，植物的抗盐效果不甚理想。

我国学者夏涛等以酵母突变体为高通量的筛选体系，通过基因改组技术强化钠氢逆向转运蛋白的搬运能力。经过一系列的试验，他们取得了成功。数据显示，这种新创造的钠氢逆向转运蛋白转运盐分的能力比野生的钠氢逆向转运蛋白提高了约1倍。科研人员还将该基因植入了拟南芥中，结果发现拟南芥在盐碱环境中的生存能力大大提高。业内专家认为该项成果具有广阔的应用前景，为中国利用分子生物学技术培育植物耐盐新品种提供了一条新思路。

思考与练习

1. 土壤盐分过多对植物的危害主要表现在哪些方面？
2. 如何提高植物的抗盐性？

参考文献

卞勇，杜广平，刘艳华，2013. 植物与植物生理[M]. 北京：中国农业大学出版社.

陈忠辉，2012. 植物与植物生理[M]. 2版. 北京：中国农业出版社.

崔爱萍，2016. 观赏树木栽培与养护[M]. 北京：中国农业出版社.

崔爱萍，李永文，黄小忠，2020. 植物与植物生理[M]. 2版. 北京：中国农业出版社.

崔爱萍，邹秀华，2018. 植物与植物生理[M]. 北京：中国农业出版社.

崔玲华，2005. 植物学基础[M]. 北京：中国林业出版社.

都建军，康宗利，于洋，2007. 植物生理学实验技术[M]. 北京：化学工业出版社.

杜广平，2007. 植物与植物生理[M]. 北京：北京大学出版社.

方炎明，2005. 植物学[M]. 北京：中国林业出版社.

顾德兴，蔡庆生，2000. 植物学与植物生理学[M]. 南京：南京大学出版社.

顾立新，崔爱萍，2019. 植物与植物生理[M]. 2版. 北京：中国林业出版社.

关继东，向民，王世昌，2013. 园林植物生长与发育[M]. 北京：中国林业出版社.

何国生，2013. 森林植物[M]. 北京：中国农业出版社.

黄昌勇，2010. 土壤学[M]. 北京：中国农业出版社.

姜汉桥，2010. 植物生态学[M]. 2版. 北京：高等教育出版社.

金银银，2010. 植物学[M]. 2版. 北京：科学出版社.

金银银，2010. 植物学实验与技术[M]. 北京：科学出版社.

李合生，2000. 植物生理生化实验原理和技术[M]. 北京：高等教育出版社.

林纬，潘一展，杨卫韵，2009. 植物与植物生理[M]. 北京：化学工业出版社.

宋志伟，姚文秋，2011. 植物生长环境[M]. 2版. 北京：中国农业大学出版社.

王宝山，2006. 植物生理学[M]. 北京：科学出版社.

王忠，2000. 植物生理学[M]. 北京：中国农业出版社.

西北农业大学植物生理生化组，1998. 植物生理学实验指导[M]. 西安：陕西科学技术出版社.

许玉凤，曲波，2008. 植物学[M]. 北京：中国农业大学出版社.

杨福林，张爽，2018. 植物与植物生理[M]. 北京：中国农业出版社.

叶珍，2010. 植物生长与环境实训教程[M]. 北京：化学工业出版社.

殷嘉俭，2017. 园林植物基础[M]. 2版. 北京：中国劳动社会保障出版社.

张志良，瞿伟菁，2003. 植物生理学实验指导[M]. 北京：高等教育出版社.

卓开荣，逮昀，2010. 园林植物生长环境[M]. 北京：化学工业出版社.

邹良栋，2012. 植物生长与环境[M]. 北京：高等教育出版社.

邹琦，1995. 植物生理生化实验指导[M]. 北京：中国农业出版社.